大学物理实验

Experiments in University Physics

主编　刘云龙　王国菊　吕太国　冯文侠

参编　牟　娟　钱　霞　王光宇

U0172724

中国教育出版传媒集团

高等教育出版社·北京

DAXUE WULI SHIYAN

内容简介

本书以《普通高等学校本科专业类教学质量国家标准》《教育部关于一流本科课程建设的实施意见》和《理工科类大学物理实验课程教学基本要求》(2010 年版)等文件为依据,在吸纳山东省物理实验教学示范中心多年的实验教学改革和研究经验的基础上编写而成,主要内容包括:实验数据处理与误差分析,线上的大学物理虚拟仿真实验,线下的力学、热学、电磁学和光学实验。本书贯彻以学生为中心的教学理念,注重体现基础性、实践性和探索性,强调对学生基本实验技能和实践能力的培养与训练,以激发学生的学习兴趣,提升学生的自主学习能力、创新能力和科学素养。

本书采用二维码技术增添了相关数字资源,可帮助学生了解实验的发现过程、科学家的研究思路及历史贡献,激发学生的学习兴趣,开阔学生的研究思路。本书可作为高等学校理工科专业大学物理实验课程的教材或参考书,也可供大学物理实验的爱好者阅读。

图书在版编目(C I P)数据

大学物理实验 / 刘云龙等主编 . -- 北京 : 高等教育出版社,2023.3

ISBN 978 - 7 - 04 - 059539 - 0

Ⅰ. ①大… Ⅱ. ①刘… Ⅲ. ①物理学-实验-高等学校-教材 Ⅳ. ①O4 - 33

中国版本图书馆 CIP 数据核字(2022)第 211220 号

DAXUE WULI SHIYAN

| 策划编辑 | 张琦玮 | 责任编辑 | 缪可可 | 封面设计 | 于 博 王 洋 | 版式设计 | 马 云 |
| 责任绘图 | 黄云燕 | 责任校对 | 商红彦 刘娟娟 | 责任印制 | 耿 轩 |

出版发行	高等教育出版社		网 址	http://www.hep.edu.cn
社 址	北京市西城区德外大街 4 号			http://www.hep.com.cn
邮政编码	100120		网上订购	http://www.hepmall.com.cn
印 刷	三河市宏图印务有限公司			http://www.hepmall.com
开 本	787 mm × 1092 mm 1/16			http://www.hepmall.cn
印 张	9.25			
字 数	220 千字	版 次	2023 年 3 月第 1 版
购书热线	010 - 58581118	印 次	2023 年 3 月第 1 次印刷
咨询电话	400 - 810 - 0598	总 定 价	32.60 元

大

主编

参编

中国教育

高等教育

读者意见反馈

为收集对教材的意见建议，进一步完善教材编写并做好服务工作，读者可将对本教材的意见建议通过如下渠道反馈至我社。

咨询电话　400-810-0598

反馈邮箱　hepsci@pub.hep.cn

通信地址　北京市朝阳区惠新东街 4 号富盛大厦 1 座　高等教育出版社理科事业部

邮政编码　100029

防伪查询说明

用户购书后刮开封底防伪涂层，使用手机微信等软件扫描二维码，会跳转至防伪查询网页，获得所购图书详细信息。

防伪客服电话　（010）58582300

大学物理实验报告

【 20____—20____学年第____学期 】

<table>
<tr><td colspan="4" align="center">【 一、基本信息 】</td></tr>
<tr><td>实验项目</td><td></td><td>实验日期</td><td></td></tr>
<tr><td>实验地点</td><td></td><td>实验台号</td><td></td></tr>
<tr><td>学　院</td><td></td><td>专　业</td><td></td></tr>
<tr><td>姓　名</td><td></td><td>班　级</td><td></td></tr>
<tr><td>学　号</td><td></td><td>同实验者</td><td></td></tr>
<tr><td colspan="4" align="center">【 二、评价标准及成绩 】</td></tr>
<tr><td>1</td><td colspan="2">实验预习及实验报告内容完整充实,填写工整规范,实验数据正确,实验结果分析与讨论合理。</td><td>优秀</td></tr>
<tr><td>2</td><td colspan="2">实验预习及实验报告内容完整,填写规范,实验数据正确,实验结果分析与讨论合理。</td><td>良好</td></tr>
<tr><td>3</td><td colspan="2">实验预习及实验报告内容基本完整,填写较规范,实验数据基本正确,实验结果分析与讨论基本合理。</td><td>中等</td></tr>
<tr><td>4</td><td colspan="2">实验预习及实验报告内容基本完整,实验数据基本正确,实验结果分析与讨论不合理。</td><td>及格</td></tr>
<tr><td>5</td><td colspan="2">实验预习及实验报告内容不够完整,实验数据错误,实验结果分析与讨论存在严重错误或抄袭迹象明显。</td><td>不及格</td></tr>
<tr><td colspan="4">实验成绩:

　　　　　　指导教师签名:_____　　　　年　　月　　日</td></tr>
</table>

【五、实验结果分析与讨论】

大学物理实验报告

【20＿＿—20＿＿学年第＿＿学期】

【一、基本信息】			
实验项目		实验日期	
实验地点		实验台号	
学　　院		专　　业	
姓　　名		班　　级	
学　　号		同实验者	

	【二、评价标准及成绩】		
1	实验预习及实验报告内容完整充实,填写工整规范,实验数据正确,实验结果分析与讨论合理。		优秀
2	实验预习及实验报告内容完整,填写规范,实验数据正确,实验结果分析与讨论合理。		良好
3	实验预习及实验报告内容基本完整,填写较规范,实验数据基本正确,实验结果分析与讨论基本合理。		中等
4	实验预习及实验报告内容基本完整,实验数据基本正确,实验结果分析与讨论不合理。		及格
5	实验预习及实验报告内容不够完整,实验数据错误,实验结果分析与讨论存在严重错误或抄袭迹象明显。		不及格

实验成绩：

指导教师签名：＿＿＿＿＿＿＿＿　　　　年　　月　　日

大学物理实验报告

【20＿＿—20＿＿学年第＿＿学期】

【一、基本信息】			
实验项目		实验日期	
实验地点		实验台号	
学　　院		专　　业	
姓　　名		班　　级	
学　　号		同实验者	

	【二、评价标准及成绩】	
1	实验预习及实验报告内容完整充实,填写T整规范,实验数据正确,实验结果分析与讨论合理。	优秀
2	实验预习及实验报告内容完整,填写规范,实验数据正确,实验结果分析与讨论合理。	良好
3	实验预习及实验报告内容基本完整,填写较规范,实验数据基本正确,实验结果分析与讨论基本合理。	中等
4	实验预习及实验报告内容基本完整,实验数据基本正确,实验结果分析与讨论不合理。	及格
5	实验预习及实验报告内容不够完整,实验数据错误,实验结果分析与讨论存在严重错误或抄袭迹象明显。	不及格

实验成绩:

指导教师签名:＿＿＿＿＿＿＿＿　　年　月　日

【五、实验结果分析与讨论】

大学物理实验报告

【20＿＿—20＿＿学年第＿＿学期】

【一、基本信息】			
实验项目		实验日期	
实验地点		实验台号	
学　院		专　业	
姓　名		班　级	
学　号		同实验者	

【二、评价标准及成绩】		
1	实验预习及实验报告内容完整充实,填写工整规范,实验数据正确,实验结果分析与讨论合理。	优秀
2	实验预习及实验报告内容完整,填写规范,实验数据正确,实验结果分析与讨论合理。	良好
3	实验预习及实验报告内容基本完整,填写较规范,实验数据基本正确,实验结果分析与讨论基本合理。	中等
4	实验预习及实验报告内容基本完整,实验数据基本正确,实验结果分析与讨论不合理。	及格
5	实验预习及实验报告内容不够完整,实验数据错误,实验结果分析与讨论存在严重错误或抄袭迹象明显。	不及格

实验成绩:

指导教师签名:＿＿＿＿＿＿＿＿＿　　　年　　月　　日

【五、实验结果分析与讨论】

大学物理实验报告

【20____—20____ 学年第____学期】

【一、基本信息】			
实验项目		实验日期	
实验地点		实验台号	
学　　院		专　业	
姓　　名		班　级	
学　　号		同实验者	

【二、评价标准及成绩】		
1	实验预习及实验报告内容完整充实,填写工整规范,实验数据正确,实验结果分析与讨论合理。	优秀
2	实验预习及实验报告内容完整,填写规范,实验数据正确,实验结果分析与讨论合理。	良好
3	实验预习及实验报告内容基本完整,填写较规范,实验数据基本正确,实验结果分析与讨论基本合理。	中等
4	实验预习及实验报告内容基本完整,实验数据基本正确,实验结果分析与讨论不合理。	及格
5	实验预习及实验报告内容不够完整,实验数据错误,实验结果分析与讨论存在严重错误或抄袭迹象明显。	不及格

实验成绩:

指导教师签名:_____　　　　年　　月　　日

【 五、实验结果分析与讨论 】

大学物理实验报告

【20____—20____学年第____学期】

【一、基本信息】			
实验项目		实验日期	
实验地点		实验台号	
学　　院		专　　业	
姓　　名		班　　级	
学　　号		同实验者	

【二、评价标准及成绩】		
1	实验预习及实验报告内容完整充实,填写工整规范,实验数据正确,实验结果分析与讨论合理。	优秀
2	实验预习及实验报告内容完整,填写规范,实验数据正确,实验结果分析与讨论合理。	良好
3	实验预习及实验报告内容基本完整,填写较规范,实验数据基本正确,实验结果分析与讨论基本合理。	中等
4	实验预习及实验报告内容基本完整,实验数据基本正确,实验结果分析与讨论不合理。	及格
5	实验预习及实验报告内容不够完整,实验数据错误,实验结果分析与讨论存在严重错误或抄袭迹象明显。	不及格

实验成绩:

指导教师签名:＿＿＿＿＿＿＿＿＿＿　　　年　　月　　日

【五、实验结果分析与讨论】

大学物理实验报告

【20＿＿—20＿＿学年第＿＿学期】

【一、基本信息】			
实验项目		实验日期	
实验地点		实验台号	
学　　院		专　　业	
姓　　名		班　　级	
学　　号		同实验者	

【二、评价标准及成绩】		
1	实验预习及实验报告内容完整充实,填写工整规范,实验数据正确,实验结果分析与讨论合理。	优秀
2	实验预习及实验报告内容完整,填写规范,实验数据正确,实验结果分析与讨论合理。	良好
3	实验预习及实验报告内容基本完整,填写较规范,实验数据基本正确,实验结果分析与讨论基本合理。	中等
4	实验预习及实验报告内容基本完整,实验数据基本正确,实验结果分析与讨论不合理。	及格
5	实验预习及实验报告内容不够完整,实验数据错误,实验结果分析与讨论存在严重错误或抄袭迹象明显。	不及格

实验成绩:

指导教师签名:＿＿＿＿＿＿＿＿　　　年　　月　　日

【五、实验结果分析与讨论】

大学物理实验报告

【 20____—20____ 学年第____学期 】

【 一、基本信息 】			
实验项目		实验日期	
实验地点		实验台号	
学 院		专 业	
姓 名		班 级	
学 号		同实验者	

【 二、评价标准及成绩 】		
1	实验预习及实验报告内容完整充实,填写工整规范,实验数据正确,实验结果分析与讨论合理。	优秀
2	实验预习及实验报告内容完整,填写规范,实验数据正确,实验结果分析与讨论合理。	良好
3	实验预习及实验报告内容基本完整,填写较规范,实验数据基本正确,实验结果分析与讨论基本合理。	中等
4	实验预习及实验报告内容基本完整,实验数据基本正确,实验结果分析与讨论不合理。	及格
5	实验预习及实验报告内容不够完整,实验数据错误,实验结果分析与讨论存在严重错误或抄袭迹象明显。	不及格

实验成绩:

指导教师签名:_____   年   月   日

【五、实验结果分析与讨论】

大学物理实验报告

【 20____—20____ 学年第____学期 】

【 一、基本信息 】			
实验项目		实验日期	
实验地点		实验台号	
学　　院		专　　业	
姓　　名		班　　级	
学　　号		同实验者	

【 二、评价标准及成绩 】		
1	实验预习及实验报告内容完整充实,填写工整规范,实验数据正确,实验结果分析与讨论合理。	优秀
2	实验预习及实验报告内容完整,填写规范,实验数据正确,实验结果分析与讨论合理。	良好
3	实验预习及实验报告内容基本完整,填写较规范,实验数据基本正确,实验结果分析与讨论基本合理。	中等
4	实验预习及实验报告内容基本完整,实验数据基本正确,实验结果分析与讨论不合理。	及格
5	实验预习及实验报告内容不够完整,实验数据错误,实验结果分析与讨论存在严重错误或抄袭迹象明显。	不及格

实验成绩:

指导教师签名:_____　　　　年　　月　　日

【 五、实验结果分析与讨论 】

大学物理实验报告

【20＿＿—20＿＿学年第＿＿学期】

【一、基本信息】			
实验项目		实验日期	
实验地点		实验台号	
学　院		专　业	
姓　名		班　级	
学　号		同实验者	

【二、评价标准及成绩】		
1	实验预习及实验报告内容完整充实,填写工整规范,实验数据正确,实验结果分析与讨论合理。	优秀
2	实验预习及实验报告内容完整,填写规范,实验数据正确,实验结果分析与讨论合理。	良好
3	实验预习及实验报告内容基本完整,填写较规范,实验数据基本正确,实验结果分析与讨论基本合理。	中等
4	实验预习及实验报告内容基本完整,实验数据基本正确,实验结果分析与讨论不合理。	及格
5	实验预习及实验报告内容不够完整,实验数据错误,实验结果分析与讨论存在严重错误或抄袭迹象明显。	不及格

实验成绩:

指导教师签名:＿＿＿＿＿＿＿　　　年　月　日

【五、实验结果分析与讨论】

大学物理实验报告

【20____—20____学年第____学期】

【一、基本信息】			
实验项目		实验日期	
实验地点		实验台号	
学　　院		专　　业	
姓　　名		班　　级	
学　　号		同实验者	

【二、评价标准及成绩】		
1	实验预习及实验报告内容完整充实,填写工整规范,实验数据正确,实验结果分析与讨论合理。	优秀
2	实验预习及实验报告内容完整,填写规范,实验数据正确,实验结果分析与讨论合理。	良好
3	实验预习及实验报告内容基本完整,填写较规范,实验数据基本正确,实验结果分析与讨论基本合理。	中等
4	实验预习及实验报告内容基本完整,实验数据基本正确,实验结果分析与讨论不合理。	及格
5	实验预习及实验报告内容不够完整,实验数据错误,实验结果分析与讨论存在严重错误或抄袭迹象明显。	不及格

实验成绩:

指导教师签名:_____　　　　年　　月　　日

【 五、实验结果分析与讨论 】

大学物理实验报告

【 20____—20____学年第____学期 】

<table>
<tr><td colspan="4" align="center">【 一、基本信息 】</td></tr>
<tr><td>实验项目</td><td></td><td>实验日期</td><td></td></tr>
<tr><td>实验地点</td><td></td><td>实验台号</td><td></td></tr>
<tr><td>学　　院</td><td></td><td>专　　业</td><td></td></tr>
<tr><td>姓　　名</td><td></td><td>班　　级</td><td></td></tr>
<tr><td>学　　号</td><td></td><td>同实验者</td><td></td></tr>
<tr><td colspan="4" align="center">【 二、评价标准及成绩 】</td></tr>
<tr><td>1</td><td colspan="2">实验预习及实验报告内容完整充实,填写工整规范,实验数据正确,实验结果分析与讨论合理。</td><td>优秀</td></tr>
<tr><td>2</td><td colspan="2">实验预习及实验报告内容完整,填写规范,实验数据正确,实验结果分析与讨论合理。</td><td>良好</td></tr>
<tr><td>3</td><td colspan="2">实验预习及实验报告内容基本完整,填写较规范,实验数据基本正确,实验结果分析与讨论基本合理。</td><td>中等</td></tr>
<tr><td>4</td><td colspan="2">实验预习及实验报告内容基本完整,实验数据基本正确,实验结果分析与讨论不合理。</td><td>及格</td></tr>
<tr><td>5</td><td colspan="2">实验预习及实验报告内容不够完整,实验数据错误,实验结果分析与讨论存在严重错误或抄袭迹象明显。</td><td>不及格</td></tr>
<tr><td colspan="4">实验成绩:

　　　　　　　　指导教师签名:_____　　　年　　月　　日</td></tr>
</table>

【五、实验结果分析与讨论】

大学物理实验报告

【 20_____—20_____ 学年第_____学期 】

【 一、基本信息 】			
实验项目		实验日期	
实验地点		实验台号	
学　　院		专　　业	
姓　　名		班　　级	
学　　号		同实验者	

【 二、评价标准及成绩 】		
1	实验预习及实验报告内容完整充实,填写工整规范,实验数据正确,实验结果分析与讨论合理。	优秀
2	实验预习及实验报告内容完整,填写规范,实验数据正确,实验结果分析与讨论合理。	良好
3	实验预习及实验报告内容基本完整,填写较规范,实验数据基本正确,实验结果分析与讨论基本合理。	中等
4	实验预习及实验报告内容基本完整,实验数据基本正确,实验结果分析与讨论不合理。	及格
5	实验预习及实验报告内容不够完整,实验数据错误,实验结果分析与讨论存在严重错误或抄袭迹象明显。	不及格

实验成绩:

指导教师签名:_____　　　　年　　月　　日

【五、实验结果分析与讨论】

大学物理实验报告

【20＿＿—20＿＿学年第＿＿学期】

【一、基本信息】			
实验项目		实验日期	
实验地点		实验台号	
学　院		专　业	
姓　名		班　级	
学　号		同实验者	

【二、评价标准及成绩】		
1	实验预习及实验报告内容完整充实,填写工整规范,实验数据正确,实验结果分析与讨论合理。	优秀
2	实验预习及实验报告内容完整,填写规范,实验数据正确,实验结果分析与讨论合理。	良好
3	实验预习及实验报告内容基本完整,填写较规范,实验数据基本正确,实验结果分析与讨论基本合理。	中等
4	实验预习及实验报告内容基本完整,实验数据基本正确,实验结果分析与讨论不合理。	及格
5	实验预习及实验报告内容不够完整,实验数据错误,实验结果分析与讨论存在严重错误或抄袭迹象明显。	不及格

实验成绩:

指导教师签名:＿＿＿＿＿＿＿＿　　　年　月　日

【五、实验结果分析与讨论】

大学物理实验报告

【 20＿＿＿—20＿＿＿学年第＿＿＿学期 】

【 一、基本信息 】			
实验项目		实验日期	
实验地点		实验台号	
学　　院		专　　业	
姓　　名		班　　级	
学　　号		同实验者	
【 二、评价标准及成绩 】			
1	实验预习及实验报告内容完整充实,填写工整规范,实验数据正确,实验结果分析与讨论合理。		优秀
2	实验预习及实验报告内容完整,填写规范,实验数据正确,实验结果分析与讨论合理。		良好
3	实验预习及实验报告内容基本完整,填写较规范,实验数据基本正确,实验结果分析与讨论基本合理。		中等
4	实验预习及实验报告内容基本完整,实验数据基本正确,实验结果分析与讨论不合理。		及格
5	实验预习及实验报告内容不够完整,实验数据错误,实验结果分析与讨论存在严重错误或抄袭迹象明显。		不及格

实验成绩：

指导教师签名：＿＿＿＿＿＿＿＿＿＿　　　　年　　月　　日

【五、实验结果分析与讨论】

大学物理实验报告

【20＿＿—20＿＿学年第＿＿学期】

【一、基本信息】			
实验项目		实验日期	
实验地点		实验台号	
学　院		专　业	
姓　名		班　级	
学　号		同实验者	

【二、评价标准及成绩】			
1	实验预习及实验报告内容完整充实,填写工整规范,实验数据正确,实验结果分析与讨论合理。		优秀
2	实验预习及实验报告内容完整,填写规范,实验数据正确,实验结果分析与讨论合理。		良好
3	实验预习及实验报告内容基本完整,填写较规范,实验数据基本正确,实验结果分析与讨论基本合理。		中等
4	实验预习及实验报告内容基本完整,实验数据基本正确,实验结果分析与讨论不合理。		及格
5	实验预习及实验报告内容不够完整,实验数据错误,实验结果分析与讨论存在严重错误或抄袭迹象明显。		不及格

实验成绩:

指导教师签名:＿＿＿＿＿＿＿＿　　　年　月　日

【 五、实验结果分析与讨论 】

大学物理实验报告

【 20＿＿—20＿＿学年第＿＿学期 】

<table>
<tr><td colspan="4">【 一、基本信息 】</td></tr>
<tr><td>实验项目</td><td></td><td>实验日期</td><td></td></tr>
<tr><td>实验地点</td><td></td><td>实验台号</td><td></td></tr>
<tr><td>学　　院</td><td></td><td>专　　业</td><td></td></tr>
<tr><td>姓　　名</td><td></td><td>班　　级</td><td></td></tr>
<tr><td>学　　号</td><td></td><td>同实验者</td><td></td></tr>
<tr><td colspan="4">【 二、评价标准及成绩 】</td></tr>
<tr><td>1</td><td colspan="2">实验预习及实验报告内容完整充实,填写工整规范,实验数据正确,实验结果分析与讨论合理。</td><td>优秀</td></tr>
<tr><td>2</td><td colspan="2">实验预习及实验报告内容完整,填写规范,实验数据正确,实验结果分析与讨论合理。</td><td>良好</td></tr>
<tr><td>3</td><td colspan="2">实验预习及实验报告内容基本完整,填写较规范,实验数据基本正确,实验结果分析与讨论基本合理。</td><td>中等</td></tr>
<tr><td>4</td><td colspan="2">实验预习及实验报告内容基本完整,实验数据基本正确,实验结果分析与讨论不合理。</td><td>及格</td></tr>
<tr><td>5</td><td colspan="2">实验预习及实验报告内容不够完整,实验数据错误,实验结果分析与讨论存在严重错误或抄袭迹象明显。</td><td>不及格</td></tr>
</table>

实验成绩:

指导教师签名:＿＿＿＿＿＿＿＿　　　　年　　月　　日

【五、实验结果分析与讨论】

大学物理实验报告

【 20____—20____学年第____学期 】

【 一、基本信息 】			
实验项目		实验日期	
实验地点		实验台号	
学　　院		专　　业	
姓　　名		班　　级	
学　　号		同实验者	

【 二、评价标准及成绩 】		
1	实验预习及实验报告内容完整充实,填写工整规范,实验数据正确,实验结果分析与讨论合理。	优秀
2	实验预习及实验报告内容完整,填写规范,实验数据正确,实验结果分析与讨论合理。	良好
3	实验预习及实验报告内容基本完整,填写较规范,实验数据基本正确,实验结果分析与讨论基本合理。	中等
4	实验预习及实验报告内容基本完整,实验数据基本正确,实验结果分析与讨论不合理。	及格
5	实验预习及实验报告内容不够完整,实验数据错误,实验结果分析与讨论存在严重错误或抄袭迹象明显。	不及格

实验成绩：

指导教师签名：_____　　　　年　　月　　日

【五、实验结果分析与讨论】

大学物理实验报告

【20＿＿—20＿＿学年第＿＿学期】

【一、基本信息】			
实验项目		实验日期	
实验地点		实验台号	
学　院		专　业	
姓　名		班　级	
学　号		同实验者	
【二、评价标准及成绩】			
1	实验预习及实验报告内容完整充实,填写工整规范,实验数据正确,实验结果分析与讨论合理。		优秀
2	实验预习及实验报告内容完整,填写规范,实验数据正确,实验结果分析与讨论合理。		良好
3	实验预习及实验报告内容基本完整,填写较规范,实验数据基本正确,实验结果分析与讨论基本合理。		中等
4	实验预习及实验报告内容基本完整,实验数据基本正确,实验结果分析与讨论不合理。		及格
5	实验预习及实验报告内容不够完整,实验数据错误,实验结果分析与讨论存在严重错误或抄袭迹象明显。		不及格

实验成绩:

指导教师签名:＿＿＿＿＿＿＿　　　　年　　月　　日

【 五、实验结果分析与讨论 】

大学物理实验报告

【20_____—20_____学年第_____学期】

【一、基本信息】			
实验项目		实验日期	
实验地点		实验台号	
学　　院		专　业	
姓　　名		班　级	
学　　号		同实验者	

【二、评价标准及成绩】		
1	实验预习及实验报告内容完整充实,填写工整规范,实验数据正确,实验结果分析与讨论合理。	优秀
2	实验预习及实验报告内容完整,填写规范,实验数据正确,实验结果分析与讨论合理。	良好
3	实验预习及实验报告内容基本完整,填写较规范,实验数据基本正确,实验结果分析与讨论基本合理。	中等
4	实验预习及实验报告内容基本完整,实验数据基本正确,实验结果分析与讨论不合理。	及格
5	实验预习及实验报告内容不够完整,实验数据错误,实验结果分析与讨论存在严重错误或抄袭迹象明显。	不及格

实验成绩:

指导教师签名:_____　　　　　年　　月　　日

【五、实验结果分析与讨论】

物理实验报告册

龙　王国菊　吕太国　冯文侠

娟　钱　霞　王光宇

媒集团

社·北京

内容简介

　　本书为大学物理实验教材配套的实验报告册，主教材以《高等学校本科专业类教学质量国家标准》和《理工科类大学物理实验课程教学基本要求》（2010 年版）等文件为依据，在吸纳山东省物理实验教学示范中心多年的实验教学改革和研究经验的基础上编写而成，主要内容包括：实验数据处理与误差分析，线上的大学物理虚拟仿真实验，线下的力学、热学、电磁学和光学实验。

　　本书可作为高等学校理工科专业大学物理实验课程的参考书，也可供大学物理实验的爱好者阅读。

图书在版编目（ＣＩＰ）数据

大学物理实验报告册 / 刘云龙等主编 ． -- 北京 ：高等教育出版社，2023.3
　　ISBN 978-7-04-059539-0

　　Ⅰ．①大… Ⅱ．①刘… Ⅲ．①物理学－实验－高等学校－教学参考资料 Ⅳ．①O4-33

　　中国国家版本馆CIP数据核字(2023)第006300号

DAXUE WULI SHIYAN BAOGAOCE

策划编辑　张琦玮	责任编辑　缪可可	封面设计　于　博、王　洋	版式设计　马　云
责任绘图　黄云燕	责任校对　王　雨	责任印制　耿　轩	

出版发行	高等教育出版社	网　　址　http://www.hep.edu.cn
社　　址	北京市西城区德外大街 4 号	http://www.hep.com.cn
邮政编码	100120	网上订购　http://www.hepmall.com.cn
印　　刷	三河市宏图印务有限公司	http://www.hepmall.com
开　　本	787 mm × 1092 mm　1/8	http://www.hepmall.cn
印　　张	5.25	
字　　数	130 千字	版　次　2023 年 3 月第 1 版
购书热线	010-58581118	印　次　2023 年 3 月第 1 次印刷
咨询电话	400-810-0598	总 定 价　32.60 元

【三、实验预习】

①实验目的;②实验原理

【三、实验预习】

①实验目的；②实验原理

【四、实验内容及步骤、实验数据】

【三、实验预习】

①实验目的；②实验原理

【 三、实验预习 】

①实验目的；②实验原理

【 四、实验内容及步骤、实验数据 】

【三、实验预习】

①实验目的;②实验原理

【三、实验预习】

①实验目的;②实验原理

【四、实验内容及步骤、实验数据】

【三、实验预习】

①实验目的;②实验原理

①实验目的;②实验原理

【四、实验内容及步骤、实验数据】

【三、实验预习】

①实验目的;②实验原理

【三、实验预习】

①实验目的;②实验原理

【三、实验预习】

①实验目的;②实验原理

【三、实验预习】

①实验目的；②实验原理

【 四、实验内容及步骤、实验数据 】

①实验目的;②实验原理

【四、实验内容及步骤、实验数据】

①实验目的;②实验原理

【三、实验预习】

①实验目的;②实验原理

【三、实验预习】

①实验目的;②实验原理

【四、实验内容及步骤、实验数据】

【 三、实验预习 】

①实验目的；②实验原理

①实验目的;②实验原理

【三、实验预习 】

①实验目的;②实验原理

【四、实验内容及步骤、实验数据】

①实验目的;②实验原理

前　言

　　大学物理实验是一门高等学校理工科专业学生的基础必修课程，对于培养学生的创新实践能力，提高学生的科学素养，形成科学思维，具有不可替代的作用。为了适应新形势教学改革的要求，本书根据《普通高等学校本科专业类教学质量国家标准》、《教育部关于一流本科课程建设的实施意见》和《理工科类大学物理实验课程教学基本要求》(2010 年版)等文件对大学物理实验的要求，结合聊城大学山东省物理实验教学示范中心的教学设备和开设大学物理实验课程的情况，在不断进行的实验教学改革和教学研究经验的基础上编写而成。

　　本书力求物理概念准确、物理原理清晰，注重理论与实际应用相结合，强调大学物理实验的相对系统性与完整性、科学性与严谨性，突出实验原理、背景与设计过程，强化对学生基本实验技能和实践能力的培养与训练。在线下常规大学物理实验课程的基础上，本书引入了线上虚拟仿真实验操作和考试系统，开展虚实融合的大学物理实验教学改革。遵循新形态教材的建设理念，本书实现了纸质教材和数字资源的有机结合，利用二维码技术，增添了与大学物理实验相关的动画、图片、经典物理实验的背景等数字资源，力图以经典大学物理实验反映现代科技成就，便于学生了解实验的发现过程、科学家的研究思路及历史贡献，激发学生的学习兴趣，开阔学生的研究思路，有效拓展教材的深度和广度，体现高阶性和创新性。

　　本书是聊城大学山东省物理实验教学示范中心从事大学物理实验教学的所有教师多年教学研究和成果的积累，凝聚了大家多年的心血与智慧，并得到聊城大学校级规划教材建设项目资助。在编写过程中，我们借鉴了张山彪教授主编的《基础物理实验》教材部分内容和编写经验。刘云龙负责全书统稿以及绪论、第 1 章、第 2 章内容的编写，冯文侠和王光宇负责第 3 章内容的编写，王国菊和钱霞负责第 4 章内容的编写，吕太国和牟娟负责第 5 章内容的编写。高等教育出版社张琦玮编辑为本书的出版付出了大量的辛勤劳动，编者在此深表谢意！

　　由于水平和技术限制，书中难免存在不当之处，恳请读者对本书提出宝贵意见，敬请各位物理学界的前辈、同仁批评指正。

编　者

2022 年 3 月 16 日于聊城大学

目　　录

绪　　论

一、大学物理实验的地位和作用

实验是人类认识世界、改造世界的基本手段,作为研究物质基本结构及其物质运动规律的学科——物理学也是一门实验科学,任何物理现象、概念和理论都源于对实验的观察和研究.物理学理论的提出、创立和发展无不以严格的实验事实为依据,并得到实验的反复检验,才被确认其真理性.

牛顿发现的万有引力定律并非从苹果落地而悟出的道理,而是通过无数次实验观测和研究,并在总结前人大量研究成果的基础上所得出的结论.伽利略著名的思想实验和斜坡实验否定了亚里士多德的"落体的速度与重量成正比"的错误结论,得出了在同一地点,不同的物体具有相同的重力加速度这一科学论断.

电磁学中的库仑定律、安培定律、毕奥-萨伐尔定律、法拉第电磁感应定律等都是通过对大量实验的观察和实验数据的分析、总结、归纳中得出来的.麦克斯韦通过对这些电磁定律的分析、概括,于 1865 年总结形成了麦克斯韦方程组,他预言了电磁波的存在,并认为光是一种电磁现象.这一理论直到 1888 年被赫兹的电磁波实验证实后才被广泛接受.卢瑟福的 α 粒子散射实验揭开了原子结构的秘密.惠更斯提出了光的波动理论,但是直到杨氏双缝干涉、夫琅禾费衍射等实验的出现,该理论才被广泛接受.而黑体辐射、光电效应、康普顿效应、原子光谱线系等实验的出现,促成了光的量子理论的诞生,并被弗兰克-赫兹实验证实.

α、β、γ 射线的发现

黑体辐射规律的探索

光电效应的研究

著名华裔物理学家、诺贝尔物理学奖获得者丁肇中说:"我是一个做实验的工程师,希望通过我的得奖,能提高中国人对实验的认识.没有实验就没有现代科学技术."所以,要从事物理学的研究,必须首先掌握物理实验的基本功.也正如创办清华大学物理系的叶企孙先生对李政道这样优秀的清华学子仍规定:理论课可以免上,只参加考试;但实验不能免,每个必做.

物理学是一切自然科学的基础,人类文明发展史上的每一次重大的技术革命都是基于物理学的发展和进步.实验是科学创新的重要源头,是培养创新型人才的重要途径.大学物理实验具有丰富的实验思想、方法、手段,同时能提供综合性很强的基本实验技能训练,是培养学生科学实验能力、提高科学素质的重要途径,它在培养学生严谨的治学态度、活跃的创新意识、理论联系实际和适应科技发展的综合应用能力等方面具有其他实践类课程不可替代的作用.以诺贝尔物理学奖为例,80% 以上的诺贝尔物理学奖都颁给了实验物理学家,在今后人类对物质世界的探索和开拓新的科技领域的过程中,物理实验仍将是强有力的研究手段和工具.

二、大学物理实验课程的目的

物理实验是借助特定的仪器设备,人为地控制和模拟自然现象,并反复观察实验现象、记录实验数据、分析实验结果和内在机理的一种研究方法.大学物理实验课程是高等学校对学生进行基本科学实验训练的必修基础课程,是学生接受系统实验方法和实验技能训练的开端.通过系统而严谨的大学物理实验基本知识、基本方法、基本技能的教育与训练,引导学生在学习这些基础知识的过程中,逐渐形成正确的科学观念,掌握科学方法,培养科学精神.大学物理实验课程的具体任务是:

1. 通过实验预习、现象观察、结果分析等环节,加深对物理原理的理解和掌握.

2. 能够自行阅读实验教材或查阅相关文献资料,理解实验原理,初步分析实验过程,并能够自主完成线上大学物理虚拟仿真实验项目,培养和锻炼查阅文献、自主学习和线上操作实验的能力与思维;

3. 能够借助教材或仪器说明书,正确操作和使用仪器,并且能够搭建实验系统,培养和锻炼分析设计与动手操作等能力.

4. 能够认真观察实验现象,并与实验原理相结合,进行初步分析和判断,培养和锻炼认真观察、勤于思考、分析判断、排除实验故障等科学态度和能力.

5. 能够正确记录实验数据,并对实验结果进行分析和讨论,撰写实验报告,培养和锻炼数据记录和分析处理、善于思考、勇于质疑、发现和解决问题、实事求是、协同合作、书写表达等能力.

6. 根据所学的物理知识和通过物理实验的锻炼,能够对仪器结构、性能或实验方案进行改进,完成简单实验的设计,培养和锻炼实验设计能力和浓厚的实验兴趣.

通过大学物理实验课程的学习,最终提高学生的科学实验素养,形成理论联系实际的科学思维、实事求是的科学态度、勇于质疑的科学精神、严谨认真的工作作风、主动研究的探索精神,并提升学生遵纪守法、保持实验室环境卫生,爱护仪器设备的优良品德.

三、大学物理实验课程的任务和要求

大学物理实验课程实行线上与线下相结合、虚拟仿真和实体实验相结合的开放式、立体化教学模式,旨在从时间、空间上给学生更多的选择自由,提供自主学习的机会,搭建师生相互交流的平台.学生可通过网络预约实验、预习实验、回答问题,教师可同时提供全方位教学服务,形成良性互动,最终形成有利于学生综合素质培养和实验教学质量全面提高的大学物理实验教学体系.

1. 实验前预习和线上虚拟仿真实验

实验课是有组织、有计划、有目的的教学活动,实验课前要认真做好线下预习,理解实验原理及要求,明确实验目的、内容、方法和注意事项等,并通过网络进行相关实验项目的线上虚拟仿真实验操作,了解实验内容,观察实验现象,完成线上电子实验报告的提交.

在完成线下预习和线上虚拟仿真实验的基础上,撰写纸质实验报告预习部分内容(包括:实验目的、实验原理、实验仪器、实验内容等).注意实验报告纸张的平整和书写的整洁,后期要扫描保存.实验报告封皮页的内容要填写完整.实验原理部分在理解后用自己的语言写出实验所依据的主要原理、公式及公式中各量的意义,画出原理图、电路图或光路图.

2. 实验操作

进入实验室后,学生首先要在签到表上签名并填写相关信息.正式实验课主要进行实验仪器的操作,包括实验系统搭建(比如电路、光路等的搭建)、仪器的调试等,要做到眼手脑并用.

首先根据预习实验时设计好的方法、步骤、注意事项等,从观察仪器外观铭牌、面板旋钮标识、仪表读数记录系统等入手,认真进行对照,检查实验条件是否完备,包括环境、温度、湿度、气压、振动、外电磁场影响等,检查仪器设备器材规格型号准确无误,切忌急于求成,盲目操作.要反复检查连接成的实验电路或光路,确保万无一失,才能通电、通光进行实验操作,必要时要经指导老师检查同意后进行.

在实验中要细心观察现象,实事求是做好实验记录,不得单纯追求好数据而忽视实验现象,偶然现象往往蕴含着新的待发现的物理规律.要坚决反对马虎从事,弄虚作假,要尊重实验事实,保持严格的科学态度,提高实验技能.要注意实验安全,特别是使用高压电、高温、激光时,要特别小心,严格按照要求操作,万一出现意外事故要冷静,迅速采取有效措施,切断电源和光源,及时报告,把意外损失降到最小.

实验操作和观测结束后及时断电、断水,整理复原所使用的器材,维护实验台周围卫生等,必要时请指导老师验收、核查后才能离开实验室.

大学物理实验教学中心给学生提供更多的自主研究的时间和空间.若在规定的时间内没有完成实验,或者对实验有疑问或新的发现等需要去探索和验证,学生可通过线上自主预约开放实验室,根据实验室的条件,自主设计并与老师讨论实验现象,借此培养学生认真思考、仔细观察、善于分析和动手操作的能力,强化对学生探索精神、科学思维、实践能力、创新能力的培养.

3. 实验总结与实验报告

实验完成后要及时整理实验数据,补充实验报告其余部分内容.实验报告要用简明的形式将实验情况及结果完整、准确地表达出来,对实验中观测到的现象、实验数据进行整理和分析,并给出误差评价及不确定度的大小;要对实验进行必要的理论分析和总结,写明自己的心得体会、意见、建议等.实验报告要求页面整洁、书写工整、图表规矩、结果正确、讨论认真,撰写完成后及时统一交到大学物理实验教学中心的相应实验室.切记要注意实验报告纸张的平整和书写的整洁,后期要扫描保存.

撰写实验报告是实验的重要内容,不仅是对实验的分析总结,更是培养总结、分析的能力,训练归纳整理、书写表达能力的重要途径.完成一个好的实验报告不仅可以培养和锻炼创新能力,更可以培养学生的高尚品德情操、科学严谨态度和勇于担当、实事求是的精神.

四、大学物理实验课程考核

实验成绩的评定与评价,是学生们非常关心的事情,也涉及对教师教学的评价问题.大学物理实验课程建立了过程性、多样化的考核机制.

课程考核根据预习、线上虚拟实验操作、实验报告的撰写和数据处理、线下实验操作、期末考试等环节进行.考核根据学生在各环节的表现情况,突出能力和思维的考查,例如学生在实验中自己主动排除故障,维修仪器或是发现了新的很值得深入探索的物理现象,对实验方案进行了改进、优化,或是完成了与实验有关的小发明、小制作等,都是能力提升的一种表现.

五、大学物理实验教学中心介绍

聊城大学大学物理实验教学中心是山东省物理实验教学示范中心的重要组成部分,位于西校区综合实验楼 B 区五层和八层,使用面积达 2 000 余平方米,仪器设备 5 000 余台件,总价值 1 000 余万元.现有大学物理演示实验室、物理实验虚拟仿真实验室、力学和热学实验室、电磁学实验室、光学实验室、物理实验创新实验室.大学物理实验教学中心负责全校理、工、农、医等学科专业的大学物理实验课程教学,开展创新实验和物理类创新竞赛培训,形成了从基础实验、基本技能训练、综合提高型实验到设计与创新型实验的多层次教学体系.

大学物理实验教学中心全面贯彻以学生为中心、以产出为导向、持续改进的教学理念,不断加强实验教学师资队伍建设,完善实验条件,丰富教学资源,创新管理机制,为学生参与大学生物理实验创新大赛、学术大赛、科技创新大赛等赛事提供全力支持,提升学生创新能力培养,全面落实立德树人根本任务.欢迎全体同学在完成大学物理实验课程的基础上,利用大学物理实验中心的设备开展科普创作、实验创新和科学研究.

第一章 实验数据处理与误差分析

实验数据测量、误差分析、测量结果不确定度的评定以及实验数据处理是实验过程中的重要环节.所有的测量,都必然存在误差,所以误差在实验过程中是不可避免的.要做好物理实验就必须掌握实验数据处理和实验误差的基本知识,否则,就不能正确评定与表达测量结果,也就很难得到正确的测量值与实验结果.

1.1 测量与误差的概念

一、测量及其分类

物理实验就是要把自然界中物质的运动形态按人的意愿在预设的条件下再现,从而使人们在较有利的条件下,探索各相关物理量之间的规律性的定量关系.因此,对物理量进行测量是物理实验中最基本、最重要的操作之一.

1. 测量

测量就是将被测量与规定的作为基本单位的同类物理量进行比较,其倍数即被测量的大小,其单位就是与之进行比较的基本单位.实验中测量得到的物理量应该包含数值和单位,两者缺一不可,只有数值而没有单位的物理量没有任何意义.例如,测得某一桌子的长度为 1.218 m,则表示基本单位为米,而桌子的长度为基本单位的 1.218 倍(数值),显然数值与选用的单位有关.实际的测量过程一般要借助于测量仪器,测量仪器是指用来直接或间接测出被测对象量值的所有器具,如测量长度的游标卡尺、测量质量的天平、测量时间的秒表等,测量仪器是基本单位的实物体现.

2. 测量的分类

按照测量结果获得的方法来分,测量通常分为直接测量和间接测量两类.直接测量就是将被测量与标准量直接比较,得出被测量的值.例如,用米尺测量长度,用天平测量质量,用电流表测量电流等.但在物理实验中,还有一些物理量的值不能直接从测量仪器上测得,而是先通过对某些相关物理量的直接测量,再根据相应的公式计算得出,这种测量称为间接测量.例如在单摆实验中,通过对摆长 L 和周期 T 的测量,由公式 $g = \dfrac{4\pi^2}{T^2} L$ 计算重力加速度 g 的过程就是间接测量.

对物理量的测量,大多数都是间接测量,但是直接测量是一切测量的基础.

二、误差及其分类

1. 真值和误差

实验过程中所测量的物理量在一定条件下,均有不以人的意志为转移的真实大小,称此值为被测量的真值.测量的理想结果是真值,但它又是不能确知的,因为测量仪器的精度有限、测量原理与方法的不完善、环境条件的影响及测量者感官能力的限制等,所得测量值和真值总存在一定的差异,这种测量值 x 与真值 x_0 之差称为测量误差 ε,简称误差,即

$$\text{误差}(\varepsilon) = \text{测量值}(x) - \text{真值}(x_0) \tag{1.1.1}$$

(1.1.1)式所定义的测量误差反映了测量值偏离真值的大小和方向,因此也称 ε 为绝对误差.绝对误差虽然可以表示某一测量结果的优劣,但在比较不同测量结果时则不适用,需要用相对误差表示.相对误差的定义为

$$\text{相对误差} = \frac{\text{绝对误差}}{\text{测量最佳值}} \times 100\% \tag{1.1.2}$$

有时被测量有公认值或理论值,还可用"百分误差"来表征:

$$\text{百分误差} = \frac{\text{测量最佳值} - \text{公认值}}{\text{测量最佳值}} \times 100\% \tag{1.1.3}$$

2. 平均值

被测量的真值无法获得,因此在实验中,通常是多次测量被测量,然后将测量值加以平均,得到近似真值.常用的平均值有以下几种.

(1) 算术平均值.

算术平均值是最常见的一种平均值,它是将物理量进行多次测量所得到的结果进行平均,比如对某一物理量进行 n 次测量,其测量值分别为 $x_1, x_2, \cdots, x_n$,则算术平均值为

$$\bar{x} = \frac{x_1 + x_2 + \cdots + x_n}{n} \tag{1.1.4}$$

(2) 几何平均值.

若对某一物理量进行 n 次测量,其测量值分别为 $x_1, x_2, \cdots, x_n$,则几何平均值为

$$\bar{x} = \sqrt[n]{x_1 x_2 \cdots x_n} \tag{1.1.5}$$

(3) 均方根平均值.

若对某一物理量进行 n 次测量,其测量值分别为 $x_1, x_2, \cdots, x_n$,则均方根平均值为

$$\bar{x} = \sqrt{\frac{x_1^2 + x_2^2 + \cdots + x_n^2}{n}} \tag{1.1.6}$$

3. 误差的分类

根据误差的性质和特点,可将误差分为两类,即系统误差和偶然误差.

(1) 系统误差.

在同一条件下,比如相同的实验方法、仪器、实验环境、实验者等,对同一物理量进行多次测量,误差的符号和绝对值保持不变或按某种规律变化,该误差称为系统误差,其产生的原因主要有以下几个方面.

1) 理论(方法)误差.这是实验方法或理论不完善导致的误差.

2）仪器误差.这是所用量具或装置本身不完善或调节不当而产生的误差,主要表现有示值误差、零值误差、调整误差及回程误差等.

3）环境误差.这是由外界环境(温度、湿度、光照、电磁场等)的影响而产生的误差.

4）人身误差.这是由观察者的不良习惯和偏向引入的误差.

由上述系统误差产生的原因可知,测量者不能依靠在相同条件下进行多次测量来发现和消除它,但在实验中应尽可能进行系统误差的修正和处理.按对系统误差掌握的程度,常将其分为已定系统误差和未定系统误差两类.已定系统误差是指采用一定的方法,可以确定误差的大小和符号的系统误差.未定系统误差是指不知道误差的大小和符号,仅仅知道误差的可能范围(或称误差限)的系统误差.对于已定系统误差,可对测量值进行修正.设已知测量某量的已定系统误差为 Δx,则修正值为 $c_x = -\Delta x$,修正后的测量值为

$$\text{实际值}(x') = \text{示值}(x) + \text{修正值}(c_x) \tag{1.1.7}$$

对不能消除的未定系统误差,应设法估计其误差的大小,但寻找系统误差并估计其大小,没有普遍的规律可循,在很大程度上依赖于实验者的经验与素养.

(2）偶然误差(随机误差).

在相同的条件下,对某一物理量进行多次测量,各测量值之间总存在差异,且变化不定,在消除系统误差后仍然如此,这种大小和符号随机变化的误差称为偶然误差,也称为随机误差.产生偶然误差的原因很多,一般各种偶然因素对实验的影响一般都很小,而且是混合出现的.它的主要来源有两个方面:一是实验者本人感觉器官分辨能力的限制;二是测量过程中,实验条件和环境因素的微小的无规则的起伏变化.在大量的观测数据中,偶然误差服从一定的统计分布规律,在大学物理实验中,通常服从正态分布规律,如图 1.1.1 所示,其横坐标是测量值,纵坐标是每单位 x 出现的概率,或称为概率密度,其特点如下.

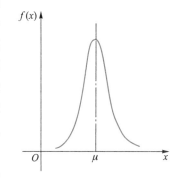

图 1.1.1 正态分布曲线

1）单峰性:绝对值小的误差比绝对值大的误差出现的机会多.

2）对称性:绝对值相等的正负误差出现的机会相等.

3）有界性:超过一定大小范围的误差出现的概率为零.

根据偶然误差的特点,可采用多次重复测量求平均的方法来减小偶然误差的影响,事实上,多次测量的算术平均值就是最佳估计值;另外,还可以根据偶然误差服从的统计分布规律,对偶然误差的大小及测量结果的可靠性作出合理的评价.

4. 精度

误差反映了测量结果与真值的差异.差异小,称测量精度高;差异大,称测量精度低.根据误差的种类,可将精度细分为如下几种.

(1）准确度:表示测量结果中系统误差大小的程度.

(2）精密度:表示测量结果中偶然误差大小的程度.

(3）精确度:是测量结果中系统误差与偶然误差的综合,表示测量结果与真值的一致程度.准确度、精密度和精确度三者的含义可用图 1.1.2 所示的情况来说明.

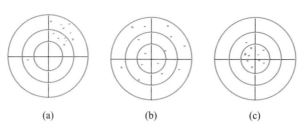

(a)   (b)   (c)

图 1.1.2 测量结果精度示意图

图 1.1.2(a)表示精密度很高,但准确度低,即偶然误差较小,但有较大的系统误差.图 1.1.2(b)表示准确度高,但精密度低,即系统误差较小,但偶然误差较大.图 1.1.2(c)表示精密度和准确度均较好,即精确度高,说明偶然误差和系统误差均较小.因此,在评价测量结果时,原则上应指出精确度的大小,即同时反映系统误差和偶然误差的大小.

1.2 测量结果不确定度的评定

由于被测量的真值不可知,测量误差也不可知,所以只能给出被测量的最佳估计值及其不确定范围的估计,此即测量的不确定度表示.测量不确定度就是评定测量结果精确度高低的一个重要指标.

一、测量不确定度的概念

1. 测量不确定度的概念

理想的测量是获得被测物理量在测量条件下的真值,但实际上,即使测量方法正确,由于测量仪器的不完善,测量环境不理想、不稳定,实验者在操作上和读取数值时不十分准确等,测量值必然有不确定的成分.这种不确定的成分可以用一种科学的、合理的、公认的方法来表征,这就是不确定度.

不确定度是表征测量结果具有分散性的一个参量,它是对被测物理量的真值包含在某个测量值范围内的一个评定.或者说,由于测量误差的存在而使被测量真值不能确定的程度.在方法正确的情况下,不确定度越小,表示测量结果越可靠,反之,不确定度越大,表示测量质量越低,可靠性越差.

2. 测量不确定度和误差的关系

测量不确定度和误差是误差理论领域的两个重要概念,两者都是评价测量结果质量高低的重要指标,都可以作为测量结果的精度评定参量,但是两者既有区别,又有联系.

误差是测量结果与真值之间的差值,它是一个理想的概念,因为一般情况下真值并不知道,所以根据误差的定义求得测量结果的误差值只能是一个估计值,用它只能定性地说明某个测量结果,难以定量表示.常用的"标准误差"和"极限误差"也不是测量结果的误差值,而是用来描述误差分布的数值特征与一定置信概率的误差分布范围.另外,测量误差是客观存在的,不受外界因素的影响,而且不因人的认识程度而改变.

测量不确定度是以被测量的估计值为中心,反映人们对测量认识不足的程度,是可以定量评定的,其与人对被测量、影响量及测量过程的认识有关.所以,要定量地、完整准确地表达某个测量结果必须用不确定度,它是国际上统一使用的对测量结果接近真值可信程度的科学合理的表达方式.

标准误差是分析误差的基本手段,也是不确定度理论的基础.一定置信概率的不确定度是根据描述误差分布范围的"标准误差"或"极限误差"等评定出来的,其值永远是正值,而误差可能为正、可能为负,而且是无法计算准确的.从本质上讲,不确定度理论是在误差理论基础上发展起来的,它们的基本分析和计算的方法是相同的.

二、不确定度的分类

在物理实验中,不确定度的评定非常重要.国际标准化组织(ISO)起草了指导性文件《测量不确定度表示指南 ISO1993(E)》,1993 年 ISO 和国际纯粹与应用物理联合会(IUPAP)等七个国际权威组织发布了《测量不确定度表示指南》的修订版,从此物理实验的不确定度评定有了国际公认的准则,我国的计量技术规范为《测量不确定度评定和表示》(GB/T 27418—2017).

对测量不确定度的评定,常以标准偏差表示测量的不确定度估计值,称为标准不确定度.标准不确定度一般可分为以下两类.

1. A 类标准不确定度

由于偶然因素,被测量多次重复测量值将是分散的,从分散的测量值出发,用统计方法评定的标准不确定度,就是 A 类标准不确定度,简称 A 类不确定度,常记为 u_A,其大小为测量值平均值的标准偏差.比如,在相同的条件下,对某一物理量进行 n 次测量,其测量值分别为 $x_1, x_2, \cdots, x_n$,则 A 类标准不确定度为

$$u_A = \sqrt{\frac{\sum\limits_{i=1}^{n} (x_i - \bar{x})^2}{n(n-1)}} \tag{1.2.1}$$

2. B 类标准不确定度

B 类标准不确定度不用统计方法分析,而是基于其他方法估计概率分布来评定标准偏差,并得到标准不确定度.比如,当误差的影响仅使测量值向某一方向有恒定的偏离时,就不能用基于统计方法评定的 A 类标准不确定度来分析,而应使用 B 类标准不确定度来进行分析.关于 B 类标准不确定度评定,有的依据计量仪器说明书或检定书;有的依据仪器的准确度等级;有的则粗略依据仪器分度值或经验,从这些信息中获取极限误差 Δ,此类误差一般可视为均匀分布,均匀分布的标准差为 $\Delta/\sqrt{3}$,简称 B 类不确定度,常记为 u_B.大小为

$$u_B = \Delta/\sqrt{3} \tag{1.2.2}$$

3. 标准不确定度的合成与传递

对一物理量测量之后,要计算测得值的不确定度,由于其测量值的不确定度来源不止一个,所以要合成其标准不确定度.

对于直接测量,设被测物理量 X 的标准不确定度来源有 k 项,则合成不确定度 $u_c(x)$ 为

$$u_c(x) = \sqrt{\sum_{i=1}^{k} u_i^2(x)} \tag{1.2.3}$$

(1.2.3)式中的 $u_c(x)$ 可以是 A 类标准不确定度,也可以是 B 类标准不确定度.

对于间接测量,设被测物理量 Y 由 m 个直接被测物理量通过计算得到,它们的关系为 $y = y(x_1, x_2, \cdots, x_m)$,各 x_i 的标准不确定度为 $u(x_i)$,则合成不确定度 $u_c(y)$ 为

$$u_c(y) = \sqrt{\sum_{i=1}^{m} \left(\frac{\partial y}{\partial x_i} \right)^2 u^2(x_i)} \tag{1.2.4}$$

1.3 有效数字及其运算

物理实验中,总要记录很多数据并进行计算,但在记录时应取几位,运算后应保留几位,需要有一个明确的认识.在实验中处理的数据,应能反映待测量的实际大小,即记录与运算后保留的数字应能传递出被测量实际大小;又因为同一物理量用不同精度的仪器测量,得到的位数也不相同,精度越高,位数越多,因此,有效数字的位数由待测量的大小和测量精度共同决定.测量结果中所有可靠数字加上末位的可疑数字统称为测量结果的**有效数字**.

一、有效数字的读取和表示

1. 直接测量数据的读取规则

一般仪器上显示的数字均为有效数字,其读取规则是:必须读取一切可能读出的准确数字及估读出仪器最小分度的下一位.例如用最小分度为 1 mm 的米尺测得某一物体的长度为 7.62 cm,其中 7 和 6 是准确读出的,最后一位数字 2 是估计的,这里的数字 2 尽管存在一定的可疑成分,但它还是能近似地反映出这一位大小的信息的,因此 2 也应算有效数字.若物体的末端正好落在某一刻度线上,则利用补"0"的方式,补到最小分度的下一位,所补的"0"仍是有效数字,不能略去,否则意义不同.如用最小分度为 1 mm 的米尺测得某一物体长度为 7.60 cm,表示物体的末端是和分度线"6"正好对齐,若写成 7.6 cm,只能表示其中的 7 是准确数字,而 6 是可疑数字,不能正确反映米尺的精度.

2. 数字的表示

有效数字的位数多少仅与待测量的大小及仪器的精度有关,与单位无关,单位只影响小数点的位置,即数值大小,而不影响位数的多少.例如把 7.62 cm 化成以 m 和 μm 为单位,可表示为 7.62 cm = 0.076 2 m = 76 200 μm,这些由于单位变换才出现的"0"不是有效数字.在进行单位换算时,可采用科学记数法,把不同单位用 10 的不同次幂表示.如上面的数据用科学记数法可表示成:7.62 cm = 7.62×10^{-2} m = 7.62×10^4 μm,这种记数方法可保持有效数字位数不变.

二、有效数字的运算规则

由于有效数字是由准确数字和一位可疑数字组成的,所以在测量结果的数值计算中,一个准确数字与可疑数字进行数学运算后仍是可疑数字,运算结果中只保留一位可疑数字.

1. 加减运算

根据误差传递理论,加减运算后结果的绝对误差等于参与运算的各数值的绝对误差之和.因此,在几个有效数字相加(或减)时,其和(或差)保留的末位数位置应与参与运算的数中最早出现

的可疑数位置对齐.

例1　$13.604\,3+15.43=?$

解　　　$13.604\,\underline{3}$
　　　$+\quad15.4\underline{3}$

$\quad\quad\overline{29.03\underline{4\,3}}$

结果 29.034 3 中的最后两位已无保留必要,由舍入法得到结果为 29.03.

2. 乘除运算

乘除运算结果的相对误差等于参与运算各数值的相对误差之和,因此乘除运算后有效数字的位数可估计为与参加运算的各数中有效数字位数最少的一个相同.

例2　$2.327\,5\times2.2=?$

解　　　　$2.327\,\underline{5}$
　　　$\times\quad\quad2.\underline{2}$

$\quad\quad\quad0.\underline{464\,60}$
　　　$+\quad4.64\underline{6\,0}$

$\quad\quad\quad\overline{5.\underline{110\,60}}$

只保留一位可疑数字,所以结果应为 5.1.

3. 三角函数、对数值的有效数字

测量值 x 的三角函数或对数的位数,可由 x 的函数值与 x 的末位增加一个单位后的函数值相比较确定.

例3　$x=43°26'$,求 $\sin x=?$

解　由计算器(或查表)求出:

$\sin 43°26'=0.687\,510\,098\,5$,$\sin 43°27'=0.687\,721\,305$

所以　$\sin 43°26'=0.687\,5.$

4. 使用有效数字运算规则应注意的问题

(1) 理论公式中的某些数值或物理常量,不是由测量得到的,其有效数字位数可以认为有无限多位,可根据需要进行选取.

(2) 首位数是 8 或 9 的乘除运算中,结果的有效数字位数可多保留一位.

(3) 有多个数值参与运算时,在运算的中途,有效数字的位数要比运算规则规定的位数多保留一位,以防止由于多次舍入引入计算误差.

5. 数据的截尾规则

运算后的数值只保留有效数字,因此在数据处理时,我们经常需要截去多余的尾数,应按如下规则处理:

(1) 要舍去部分的第一位数是 1、2、3、4 时直接舍去,是 6、7、8、9 时在舍去的同时进位.

(2) 要舍去部分的第一位是 5 时,则应"瞻前顾后".当 5 的后面不为 0 时,在舍去 5 的同时要进位;当 5 的后面全为 0 时,如果所要保留的最后一位是奇数则在舍去 5 时进位,如果要保留的最后一位是偶数,则舍去 5 时不进位.

例4　将下列数据保留四位有效数字:

$3.626\,651,e,\pi,1.333\,500,6.322\,500.$

解　$3.626\ 651 \rightarrow 3.627$；$e = 2.718\ 281\ 828\ 459\ 045\cdots \rightarrow 2.718$；$\pi = 3.141\ 592\ 6\cdots \rightarrow 3.142$
　　　$1.333\ 500 \rightarrow 1.334$；$6.322\ 500 \rightarrow 6.322$.

三、有效数字与不确定度的关系

有效数字的末位是估读数字,必然含有不确定的成分,所以有效数字的末位是不确定度所在位,因此有效数字与有效位数在一定程度上反映了测量值的不确定度.有效数字位数越多,测量结果的不确定度越小,反之不确定度就越大.一般情况,两位有效数字对应于 $10^{-2} \sim 10^{-1}$ 的相对不确定度,三位有效数字对应于 $10^{-3} \sim 10^{-2}$ 的相对不确定度,依此类推.可见用有效数字能够粗略地表达测量结果的不确定度.

四、用有效数字的科学记数法表示测量结果的不确定度

由于一个物理量有不同的单位选取,使得该物理量测量值的数值会出现有时很大、有时很小的情况,这种情况使得数值大小与有效数字的位数发生矛盾,也使有效数字与误差位发生矛盾,例如:0.031 km 与 3 100 cm 是同一个长度值,但有效数字位数不同,误差位不同,测量结果的不确定度就不同.为了解决这个矛盾通常采用科学记数法,即用有效数字乘以 10 的幂指数的形式来表达.这样 $0.031\ \text{km} = 0.31 \times 10^{2}\ \text{m} = 0.31 \times 10^{4}\ \text{cm}$,这里 10^{2} 不算有效数字,上述矛盾也就解决了.又如某人测得钢丝的杨氏模量为 $2.17 \times 10^{11}\ \text{N/m}^{2}$,不确定度为 $3 \times 10^{9}\ \text{N/m}^{2}$,若直接写成 $(2.17 \times 10^{11} \pm 3 \times 10^{9})\text{N/m}^{2}$ 显然是不妥的,应写为 $(2.17 \pm 0.03) \times 10^{11}\ \text{N/m}^{2}$,表示测量值的有效数字为 3 位,不确定度取 1 位,与测量值的最后一位对齐,为 3%.

1.4　数据处理的基本方法

物理实验中我们要研究物质的物理性质和规律以及验证物理理论,就必须对原始测量数据进行数据处理.由于各个实验的特点和要求不同,具体的处理方法也不相同,下面介绍在物理实验中常用的数据处理方法.

一、作图法

作图法是物理实验中常用的数据处理方法之一,由于其具有形象直观、简便易行等特点而得到广泛应用.所谓作图法,就是在坐标纸上根据组合测量中直接测得的值,描绘出物理量之间的相互关系曲线;再根据图像求出某些待测物理量的值,找出与图像对应的经验公式(方程).

1. 作图的基本步骤

(1) 选择合适的坐标纸.坐标纸有直角坐标纸、单对数坐标纸、双对数坐标纸及极坐标等,根据相关量之间的变化规律进行选择,最常用的是直角坐标纸.

(2) 坐标的标记和分度.作图时一般横轴代表自变量,纵轴代表因变量,并标明坐标轴代表的物理量的符号和单位.坐标轴的分度应与相关量的有效数字相对应,测量数据中的可靠数字在图中也应是可靠的,而最后一位可疑数字在图上也是估计的,即不因作图而引入误差.一般以坐标纸的一小格表示被测量的最后一位的一个单位、二个单位或五个单位比较好,要避

免用一小格表示三个、七个、九个等单位,因为这样不但标点和读数不方便,而且容易出现错误.

(3)图线应居中.图线居中一般要靠坐标单位和原点位置配合实现.对 x,y 两个变量的变化范围表现在坐标纸上的长度应相差不大,最多不要超过一倍,否则可通过改变某一变量的坐标单位来实现.另外,坐标的原点不一定要和变量的零点一致,因为对某一变量来说,如果其变化范围的起始位置距原点较远,当将原点取在变量的零点处,则坐标纸上会出现很大的空白区,白白浪费了坐标纸.

(4)标点与连线.根据测量数据,首先用铅笔标出各点,常用来标记各实验点的符号有:"+""⊙""×""△"等.如果同一张图纸上画两条以上的图线且共用同一坐标轴,则必须用不同的标记符号加以区别,然后沿各坐标点轻描一图线.由于各实验点均含有误差,因此所描图线不可能通过每一个实验点.不在图线上的点应较均匀地分布在图线两侧,并尽可能靠近图线.

(5)图的说明.在图线的空白处,写出图线名称及必要的条件.图线名称的写法一般是以纵轴代表的物理量写在前面,横轴代表的物理量写在后面,中间用"-"连接;另外,在图的下方还应写上实验者名称及实验日期.

2. 找出经验公式及求出某些待求的物理量

利用作图法寻求经验公式,就是依据所描出的曲线,求得相关量之间的函数关系.由于相关量之间的多样性,所描出的曲线未必是直线,但直线是所有曲线中最简单的一种,因此对一些复杂关系的曲线来说,往往进行一些变换使其变为直线关系.例如在单摆实验中,周期 T 和摆长 L 的关系为 $T^2=\frac{4\pi^2}{g}L$,我们可以根据测量的 T 和 L 作 T^2-L 图线,然后由图线求出斜率和截距,进而写出完整的直线方程.求斜率时,在直线上取两点 $A(x_1,y_1),B(x_2,y_2)$,两点一般不是测量值对应的点且两点要尽量分开些,其公式为 $a=\frac{x_2y_1-x_1y_2}{x_2-x_1},b=\frac{y_2-y_1}{x_2-x_1}$,所以直线方程为 $y=a+bx$,所要求的某些物理量有的可以直接根据图线求出,有的就包含在我们所确定的斜率或截距中,如上面提到的单摆实验,重力加速度 g 就可以由斜率求出.

二、逐差法

逐差法是物理实验中常用的一种数据处理方法,它能充分地利用实验数据,还可不必解出中间未知量.下面以线性关系为例进行介绍.

设 x,y 之间满足线性关系,实验测得的一列对应值为
$$x_1,x_2,\cdots,x_n \quad 和 \quad y_1,y_2,\cdots,y_n$$
则有:
$$\begin{cases} y_1=a+bx_1 \\ y_2=a+bx_2 \\ \cdots\cdots\cdots \\ y_n=a+bx_n \end{cases} \tag{1.4.1}$$

把测得的 n 个数据组分成两部分,若 n 为偶数即 $n=2l$,则前 l 项为一组,后 l 项为一组,然后将两部分的对应项逐差得

$$\begin{cases} y_{l+1} - y_1 = b(x_{l+1} - x_1) \\ y_{l+2} - y_2 = b(x_{l+2} - x_2) \\ \cdots\cdots\cdots\cdots \\ y_{2l} - y_l = b(x_{2l} - x_l) \end{cases} \tag{1.4.2}$$

则 b 的平均值为

$$\bar{b} = \frac{\sum\limits_{i=1}^{l}(y_{l+i} - y_i)}{\sum\limits_{i=1}^{l}(x_{l+i} - x_i)} \tag{1.4.3}$$

把 b 的平均值代入(1.4.2)式,可得 a 的平均值为

$$\bar{a} = \frac{1}{2l}\left(\sum_{i=1}^{2l} y_i - \bar{b}\sum_{i=1}^{2l} x_i\right) \tag{1.4.4}$$

如果 n 是奇数, $n = 2l-1$,也可将数据分成两部分,前半部分多一项,同样可求得

$$\bar{b} = \frac{\sum\limits_{i=1}^{l-1}(y_{l+i} - y_i)}{\sum\limits_{i=1}^{l-1}(x_{l+i} - x_i)} \tag{1.4.5}$$

$$\bar{a} = \frac{1}{2l-1}\left(\sum_{i=1}^{2l-1} y_i - \bar{b}\sum_{i=1}^{2l-1} x_i\right) \tag{1.4.6}$$

因此,所得直线方程为

$$y = \bar{a} + \bar{b}x$$

三、最小二乘法

最小二乘原理的内容是:如有一组数 x_i,则这组数与其算术平均值 $\bar{x}$ 之差 ν_i 的平方和 $\sum \nu_i^2$ 必为最小.其等效说法为:如有一组数与某一个数之差的平方和为最小,则这个数必为这一组数的算术平均值.

利用最小二乘原理进行线性拟合,也就是根据组合测量的数据,用最小二乘原理求出最佳直线参数 a、b.设两个变量 x, y 之间存在线性关系,即:

$$y = a + bx \tag{1.4.7}$$

x, y 的测量数据分别为 $x_1, x_2, \cdots, x_n; y_1, y_2, \cdots, y_n$,为讨论方便,现假设只有 y 方向有误差,则各组测量值的误差为

$$\begin{cases} \nu_1 = y_1 - (a + bx_1) \\ \nu_2 = y_2 - (a + bx_2) \\ \cdots\cdots\cdots\cdots \\ \nu_n = y_n - (a + bx_n) \end{cases} \tag{1.4.8}$$

将(1.4.8)式两边平方再求和得

$$\sum_{i=1}^{n} \nu_i^2 = \sum_{i=1}^{n} y_i^2 + na^2 + 2ab\sum_{i=1}^{n} x_i + b^2\sum_{i=1}^{n} x_i^2 - 2a\sum_{i=1}^{n} y_i - 2b\sum_{i=1}^{n}(x_i y_i) \tag{1.4.9}$$

根据最小二乘原理，$\sum_{i=1}^{n} \nu_i^2$ 必为最小，因此有

$$\frac{\partial \sum \nu_i^2}{\partial a} = 0, \quad \frac{\partial \sum \nu_i^2}{\partial b} = 0 \tag{1.4.10}$$

即

$$\begin{cases} 2na + 2b \sum x_i - 2 \sum y_i = 0 \\ 2a \sum x_i + 2b \sum x_i^2 - 2 \sum (x_i y_i) = 0 \end{cases} \tag{1.4.11}$$

解此方程组得

$$\begin{cases} b = \dfrac{n \sum (x_i y_i) - \sum y_i \sum x_i}{n \sum x_i^2 - \left(\sum x_i \right)^2} \\ a = \dfrac{\sum y_i}{n} - b \dfrac{\sum x_i}{n} \end{cases} \tag{1.4.12}$$

相关系数的估计值为

$$r = \frac{\sum (x_i - \bar{x})(y_i - \bar{y})}{\sqrt{\sum (x_i - \bar{x})^2 \sum (y_i - \bar{y})^2}} \tag{1.4.13}$$

若令:

$$\begin{cases} S_{xx} = \sum (x_i - \bar{x})^2 = \sum x_i^2 - \dfrac{1}{n} \left(\sum x_i \right)^2 \\ S_{yy} = \sum (y_i - \bar{y})^2 = \sum y_i^2 - \dfrac{1}{n} \left(\sum y_i \right)^2 \\ S_{xy} = \sum (x_i - \bar{x})(y_i - \bar{y}) = \sum (x_i y_i) - \dfrac{1}{n} \sum x_i \sum y_i \end{cases} \tag{1.4.14}$$

则最佳直线参数和相关系数可表示为

$$b = \frac{S_{xy}}{S_{xx}} \tag{1.4.15}$$

$$a = \bar{y} - b\bar{x} \tag{1.4.16}$$

$$r = \frac{S_{xy}}{\sqrt{S_{xx} S_{yy}}} \tag{1.4.17}$$

利用最小二乘原理进行线性拟合的最大优点是，不同的实验者对于同一组实验数据得到的直线参数是唯一的，克服了作图法随意性的缺点；另外，最小二乘法的计算工作量较大，现在已有一些电子计算器具有一元线性回归计算的功能，因此只要依次输入 n 组数据后，即可显示出 a、b 的值.

1.5 常用数据处理软件

物理实验不仅要观察实验现象，更要对某些物理量进行定量的测量和分析，大学物理实验过

15

程中涉及对实验数据进行算数平均值、标准偏差、不确定度的计算和数据的拟合等,计算公式比较复杂,计算过程烦琐.当数据量比较多时,利用手动方法在作图纸上绘图、人工计算等会带来较大的工作量,而且由于涉及的变量较多,加之主观因素的影响,会导致作出的图过于粗糙,不易得出精确的结果,甚至得到错误的结论.如果要对数据进行拟合,更是难以精确地实现.

若是利用数据处理软件对实验数据进行处理,同时进行曲线绘制、拟合等,可以节省人工处理数据的时间、减少中间环节错误,培养和提高学生的数据处理能力.常用的数据处理软件有Excel、Origin、MATLAB、Labview 等软件,本次介绍使用 Excel 和 Origin 进行实验数据处理的基本方法,其余的方法和程序请学生自行查找使用方法,进行学习.

一、利用 Excel 处理实验数据

Excel 的图表功能为实验数据的作图、拟合直线、拟合曲线、拟合方程以及求相关系数等带来了极大的方便.下面以"利用光电效应测量普朗克常量"实验为例进行说明.

由光电效应方程:$U_s = h\nu/e - W_s/e$,U_s 和 ν 满足线性关系式 $y = kx + b$,($y = U_s$,$x = \nu$,$k = h/e$,$b = -W_s/e$),由实验数据并应用最小二乘法可求出其系数 k 和 b,从而导出关系式 $U_s = h\nu/e - W_s/e$,由 $h = ek$ 求出 h.

将测得不同波长下的截止电压输入 Excel 表格中,如图 1.5.1 中工作表 B4:B8 区域为波长,D4:D8 区域为对应的截止电压.

	A	B	C	D	E	F	G
1		普朗克常量测定实验数据处理					
2							
3	序号	波长/nm	频率/10^{14}Hz	U_s/V	h/e	$h/10^{-33}$J·s	
4	1	365	8.22	1.73			
5	2	405	7.41	1.23			
6	3	436	6.88	0.98			
7	4	546	5.49	0.60			
8	5	577	5.20	0.44			
9					0.40	0.634	
10							

图 1.5.1 实验数据表格

1. 使用 Excel 图表功能处理物理实验数据

其操作步骤如下.

(1) 先将波长转换为频率.选中 C4 列后,在公式栏输入"＝3000/B4"(C 列中频率都乘了10^{14}),即可求出 365 nm 所对应的波长.再选中 C4 单元格,将鼠标放到 C4 单元格右下角,当鼠标变成黑色十字形加号时,按住鼠标左键向下拉,即可将 B 列所有的波长在对应的 C 列中变成频率.

(2) 选定数据表中 C、D 两列的数据单元格,单击菜单栏中的"插入(I)",选定"图表"栏,选出希望得到的图表类型,如:XY 散点图,单击"确定",便可得到截止电压和频率的关系图,还可以对坐标轴显示范围进行更改.

(3) 单击图中的数据点,然后右击鼠标,选择"添加趋势线"命令,在页面右侧出现趋势线选项栏,选择"线性"类型,并且在可选中选中"显示公式""显示 R 平方值"等复选框,便可得到拟合曲线、拟合方程和相关系数平方的数值,如图 1.5.2 所示.

由图 1.5.2 可得斜率 $k = 0.396\ 2$，从而可得出 h 的值.

2. 最小二乘法线性拟合处理物理实验数据

由实验数据并应用最小二乘法可求出系数 k 和 b，从而导出关系式 $U_s = h\nu/e - W_s/e$，由 $h = ek$ 求出 h.首先求解线性回归拟合方程 $y = kx + b$ 的斜率.

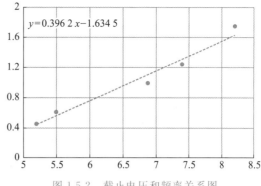

图 1.5.2　截止电压和频率关系图

具体操作如下：

（1）单击任一空白单元格，比如 E9，单击菜单栏"公式—插入函数 fx"或单击工具栏"fx"按钮，在函数名字列表中选样斜率函数"SLOPE"，单击"确定"按钮；

（2）在出现的函数参数对话框中，"已知 Y 值集合"框输入"D4:D8"，或用鼠标选中 D4—D8 数据列；"已知 X 值集合"框输入"C4:C8"，或用鼠标选中 C4—C8 数据列，单击"确定"按钮，则单元格中出现斜率 k 的数据；

（3）再单击另一空白单元格，比如 F9，在公式编辑栏中输入"$= 1.6 \times 10^{-19} \times D8$"，即可求出普朗克常量 h.

二、利用 Origin 处理实验数据

Origin 为 OriginLab 公司出品的较流行的专业函数绘图软件，是公认的简单易学、操作灵活、功能强大的软件，既可以满足一般用户的制图需要，也可以满足高级用户数据分析、函数拟合的需要.下面以单摆测量重力加速度实验为例进行说明，具体如下：

根据理论分析，单摆的周期和摆长满足关系式：$T^2 = \dfrac{4\pi^2}{g}L$，即 T^2 和 L 满足线性关系 $y = kx$，画出 T^2 和 L 的关系图可得到直线，找出斜率 k，即可求出重力加速度 $g = \dfrac{4\pi^2}{k}$.

（1）打开 Origin 软件，将测量的实验数据输入到表格中，如图 1.5.3 所示，工作表的 A 列输入摆长 L 的数据，B 列输入 30 个周期 T 的时间数据.

（2）测量的周期数值需要进行换算，右击"Add New Column"，出现 C(Y)，选中后右键选择"Set ColumnValues"，编辑公式 Col(C) = Col(B)/30，然后点击"OK".

（3）再增加 D(Y) 列，将 D(Y) 赋值为 Col(C)×Col(C).选中 A(Y) 右键"Set As—X"（即将 A 列数据设置为 x 轴），此时 A(X) 代表摆长 L，D(Y) 代表周期平方 T^2.

（4）选中 A(X)、D(Y) 列，点击菜单栏的"绘图—散点图"，或点击页面左下角的"散点图"，如图 1.5.3 中左下角红色椭圆框所示，作摆长和周期平方关系图.

（5）选定 D(Y) 列，点击 Analysis—Fitting—Fit Linear（或单击图中的数据点，单击右键选择 Fitting—Fit Linear），进行数据拟合得到 T^2-L 关系图，如图 1.5.4 所示，黑色的点表示实验测试数据，红色的直线表示拟合数据.

从拟合图中可以直接得到斜率以及截距标准偏差和相关系数.斜率数值 $k = 3.992\ 79$，计算出重力加速度 $g = 9.887\ \text{m/s}^2$，实验拟合相关系数为 $0.998\ 62$，非常接近 1，说明数值拟合准确.

长名称	摆长L	30周期时间	周期T	周期平方T^2
单位	m	s	s	s^2
注释				
F(x)=			col(B)/30	col(C)*col(C)
1	0.511	41.66	1.38867	1.9284
2	0.611	46.8	1.56	2.4336
3	0.731	50.83	1.69433	2.87077
4	0.811	53.55	1.785	3.18622
5	0.911	56.68	1.88933	3.56958
6	1.011	59.64	1.988	3.95214
7	1.111	62.59	2.08633	4.35279
8	1.211	66.32	2.21067	4.88705
9	1.321	68.78	2.29267	5.25632
10	1.411	71.21	2.37367	5.63429
11	1.521	73.06	2.43533	5.93085
12	1.611	75.62	2.52067	6.35376

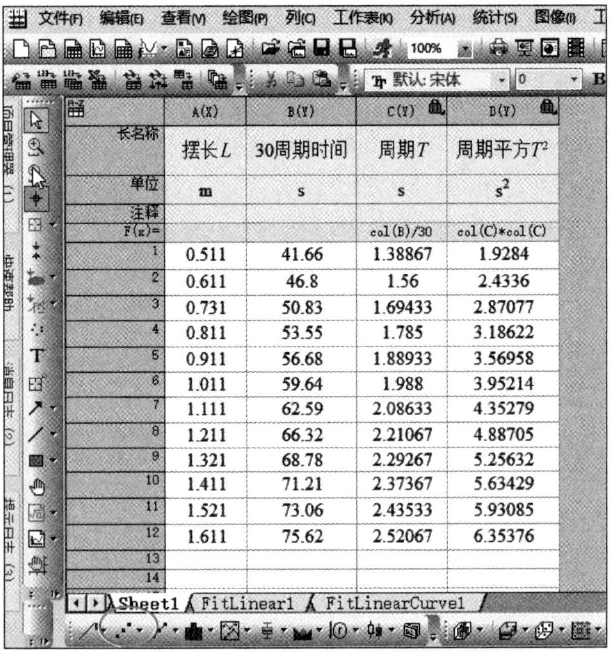

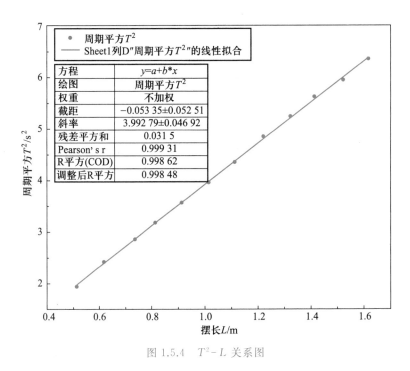

图 1.5.3 单摆长和周期的实验数据

图 1.5.4 T^2-L 关系图

Excel 和 Origin 的数据处理功能非常强大,以上只是简单介绍了很少的一部分功能,以起到抛砖引玉之效,更多的功能、更多的数据处理软件需要大家去学习和探索,为今后处理更复杂的科研数据等奠定基础.

第二章 大学物理虚拟仿真实验

  虚拟仿真实验通过设计虚拟仪器,建立虚拟实验环境,在这个环境中可以自行设计实验方案、拟定实验参数、操作仪器,模拟真实的实验过程,营造自主学习的环境.未做过实验的学生通过软件可对实验的整体环境和所用仪器的原理、结构建立起直观的认识.仪器的关键部位可拆解,在调整中可以实时观察仪器各种指标和内部结构的变化,以增强对仪器原理的理解、对功能和使用方法的训练.学生可对提供的仪器进行选择和组合,用不同的方法完成同一实验目标,培养设计、思考能力,并且通过对不同实验方法的优劣和误差大小的比较,提高判断能力和实验技术水平.

  虚拟仿真实验系统通过深入剖析教学过程,充分体现教学思想的指导,必须在理解的基础上通过思考才能正确操作,克服了实际实验中出现的盲目操作和走过场现象,大大提高了实验教学的质量和水平.系统对实验的背景和意义、应用等方面都做了介绍,使仿真实验成为连接理论教学与实验教学,培养理论与实践相结合思维的一种崭新教学模式.实验自带操作指导,可以对实验结果进行自测.

2.1 大学物理虚拟仿真实验使用步骤

  因系统软件设计,在进行大学物理虚拟仿真实验时,首先要选择合适的浏览器,最好使用谷歌、QQ、搜狗、Edge 等浏览器.具体使用步骤如下:

  (1) 输入网址,打开登录网页.输入账号、密码和验证码后,点击"登录"按钮,登录账户(见图2.1.1).

  (2) 登录账户后,如果是第一次在使用的电脑上进行大学物理虚拟仿真实验,则需要在系统页面上方的标题栏点击"下载升级"按钮,进入软件下载页面(见图 2.1.2).

  (3) 选择仿真实验 V4.0,单击下载升级(见图 2.1.3),下载安装虚拟实验环境(实验大厅)(仅第一次使用需要安装).在虚拟运行环境安装之前请确保您的计算机已经安装了.net Framework 3.5 sp1,否则实验大厅将无法运行.如果您未安装,需先单击页面的链接,下载并安装.net Framework 3.5 sp1(使用 Windows 操作系统的,也可以自己在网上下载 Microsoft. NET Framework 3.5 Service Pack 1,并安装),然后再安装虚拟实验环境软件.

  (4) 点击系统页面上方标题栏的"仿真实验"按钮,进入实验项目选择页面.进入页面后,根据所属分类和实验项目名称,可以搜索需要进行的实验项目(见图 2.1.4).

  (5) 选择需要的实验项目后,即可进入实验预习、操作选择页面,进行实验项目(实验简介、实验原理、实验内容、实验仪器等)了解及在线演示操作视频学习(见图 2.1.5).

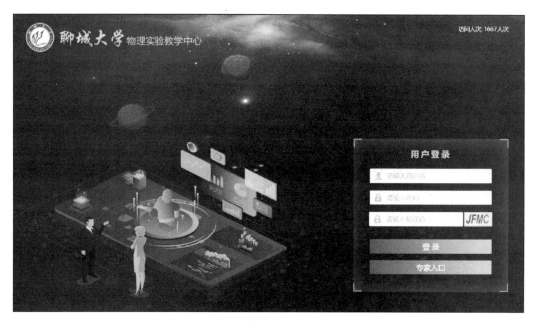

图 2.1.1

图 2.1.2

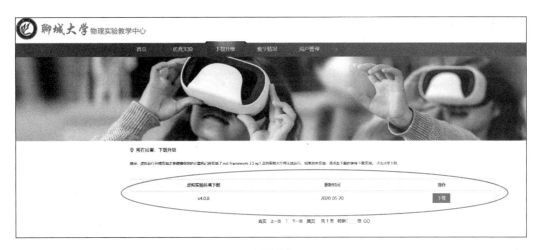

图 2.1.3

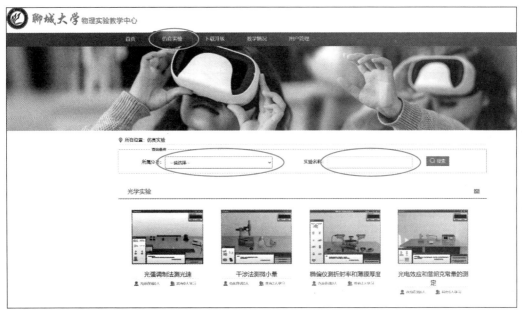

图 2.1.4

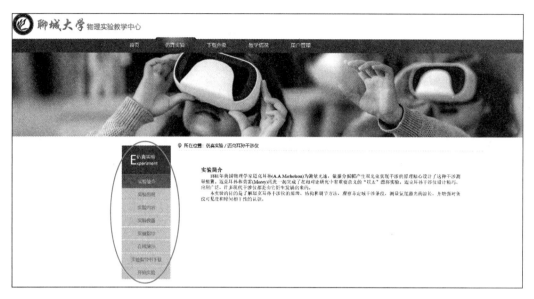

图 2.1.5

此部分内容有实验简介、实验原理、实验仪器、实验指导、在线演示、实验指导书下载和实验操作等内容,通过点击页面右侧响应的按钮来进行对应部分实验预习和操作.

(6)点击"开始实验"按钮,就可以进行虚拟实验的操作,完成实验方案的设计、仪器的放置和调节、实验数据的记录和处理等(见图 2.1.6、图 2.1.7).第一次打开有点慢,具体实验操作过程可参考在线演示视频.

图 2.1.6

图 2.1.7

实验完成后,提交实验报告即可.

2.2 大学物理实验线上考试系统

考核是实验教学的重要环节,是教学过程的重要组成部分,考核方法和考核内容对学习方法和学习内容具有重要导向作用.实验实践能力考试是考核学生所学知识和技能的重要环节,有利于调动师生的积极性,提高教学质量.与理论课考核相比,物理实验不仅要考核理论知识,还要考核实践、操作能力.大学物理实验考试与线上虚拟仿真大学物理实验相结合,实行线上虚拟仿真考试,试卷成绩自动评判,使实验教学的考试精确化和客观化.

在完成大学物理实验课程的所有实验项目后,可以进行线上实验考试.需要登录系统后,在指定时间参加考试,在线完成考试过程.具体的步骤如下:

（1）登录网址,输入用户名和密码后,进入实验考试与自动评判系统.找到自己的考试安排,单击“完成考试”系统进入考试等待页面.待考试开始后,点击“进入考试”开始正式考试(见图 2.2.1).

如果使用的电脑没有安装虚拟实验环境(实验大厅),则可以在此页面通过下载升级,提前安装虚拟环境.

（2）回答理论题.在“考试等待页面”点击“进入考试”后,显示实验考卷,在此窗口选择答案,完成除实验操作题外其他题目(见图 2.2.2).

（3）完成实验操作题.

在完成理论题回答之后,单击实验操作题对应的“进入实验”按钮,进入对应实验,完成实验操作.

图 2.2.1

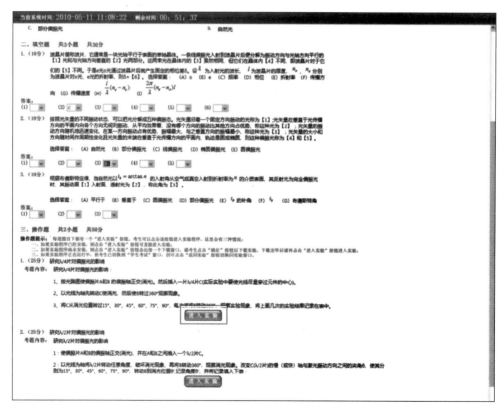

图 2.2.2

进入实验后的初始页面显示实验数据表格、实验仪器栏、实验提示栏、工具箱、帮助、考试剩余时间、记录数据、显示考卷、结束操作等相关信息(见图2.2.3).

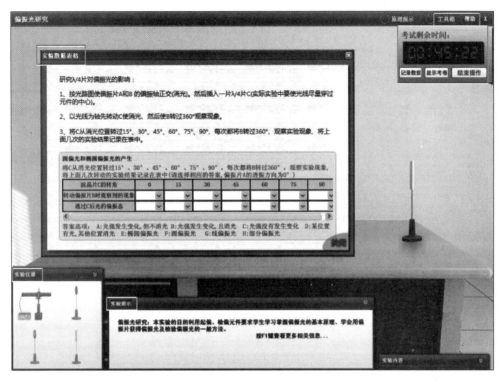

图 2.2.3

实验数据表格:显示实验操作题说明及相应数据表格,用户根据实验操作将相关的实验数据填入.关闭实验数据表格后,可以通过单击"记录数据"按钮显示实验数据表格.

显示考卷:用户在完成实验操作题时,如果需要查看试卷的其他信息,可以通过点击"显示试卷"显示实验试卷(见图2.2.4).试卷中正在进行实验操作题的"进入实验"按钮将显示为"返回实验".

结束操作:全部数据填写完毕后,选择"结束操作"按钮确认完成本题,系统会提示"请确认考试数据是否记录完整、正确"(见图2.2.5).

如果测量数据不满意,选择"返回实验"继续进行实验测量.否则单击"确认"按钮后,结束本操作题,数据表格内的填写数据自动显示到试卷中(见图2.2.6).

(4) 重做实验操作题.

在提交考卷前,如果需要修改某道实验操作题的答案,可以通过单击该操作题对应的"进入实验"按钮,重做该实验操作题.填写好该题的实验数据后,单击"结束操作"后系统会提示"考卷上已存在本题的考试数据,是否选择替换为这次考试操作数据".选择"替换"后,本次操作的数据将替换掉本题上次的操作数据.

图 2.2.4

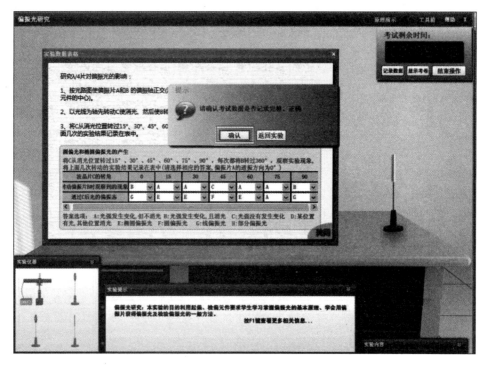

图 2.2.5

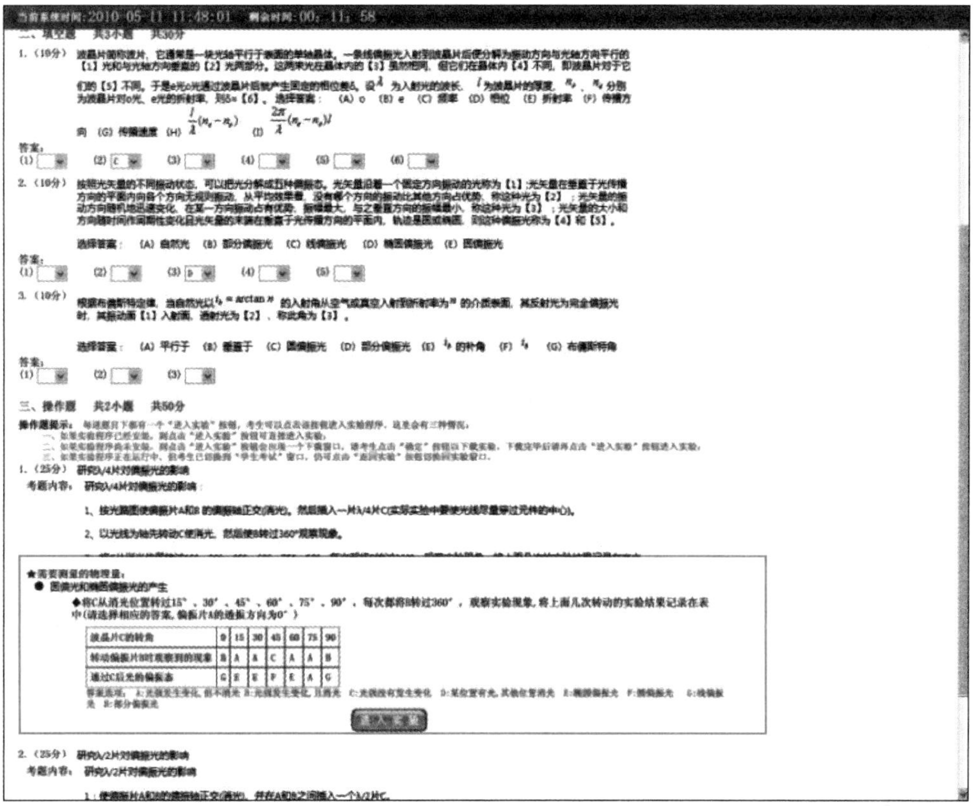

图 2.2.6

（5）提交试卷.

全部试题回答完毕后，单击"确认考试结束"，系统会提示"考题已全部回答完毕，确认提交试卷吗？"，选择"确定"按钮，试卷将被提交.选择"取消"按钮，继续完成试卷（见图 2.2.7）.

（6）线上虚拟实验考试部分成绩查询.

教师批阅完试卷、管理员设置"开放成绩查询"后，用户通过单击实验考试与自动评判系统主页的"成绩查询"按钮，可以查询线上虚拟实验考试的成绩.

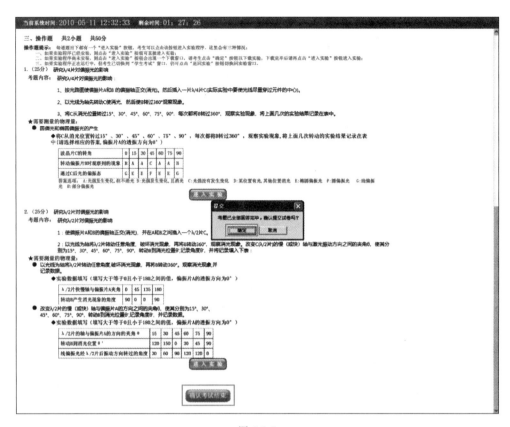

图 2.2.7

第三章　力学和热学实验

实验 3.1　基　本　测　量

长度的测量属于基本物理量的测量,在实验中进行的多数测量,最终都转化为长度的测量,如温度计是用标度尺指示水银柱在毛细管中液面的高度,弹簧秤是用标度尺指示弹簧被重物拉长的长度等,所以长度测量几乎是一切测量的基础.

长度测量的方法和测量工具按测量精度的要求不尽相同,最常用的是米尺、游标卡尺、螺旋测微器(千分尺)和读数显微镜等,同时这些工具也是现代高精度测量仪器的基本组元之一.正确地掌握这几种测量工具的构造特点、规格性能、读数原理、使用方法以及误差分析等,是做好物理实验的重要基础.

【实验目的】

1. 了解游标卡尺、螺旋测微器、读数显微镜等测微装置的构造,并掌握其原理和使用方法.

2. 学习正确读数与数据记录,学会有效数字的运算和直接测量、间接测量的误差计算及数据处理.

3. 根据误差理论对测量值进行数据处理和分析,通过使用游标卡尺和螺旋测微器了解误差的来源和传递.

4. 在实验的程序、实验的观察和分析以及实验报告的撰写方面得到初步训练.

【实验原理】

1. 米尺

米尺是一种最简单的测长仪器,一般其最小分度值为 1 mm,实际记录数据中毫米后的一位数,只能凭眼睛估读.所以实验数据的有效数字中最后一位是读数随机误差所在位,这是仪器读数的一般规律.米尺随机误差取最小分度值的一半,即 0.5 mm.

使用米尺测量长度时应该注意以下问题:

(1) 避免视差.应使米尺刻度贴近被测物体,读数时,视线要垂直于所读刻度,以避免因视线方向改变而产生误差.

(2) 避免因米尺端点磨损带来误差,因此测量时起点可以不从端点开始.

(3) 避免因米尺刻度不均匀带来误差,可取米尺不同位置作为起点进行多次测量.

2. 游标卡尺

游标是为了提高角度、长度微小量的测量精度而采用的一种读数装置,长度测量用的游标卡尺就是用游标原理制成的典型测量工具.在测量 10 cm 左右或更小的长度而又要保持高于百分之一的精度时,可以使用游标卡尺.实验中常用的游标卡尺一般量程为 15～20 cm,利用游标可以精确到 0.02～0.1 mm.

　　图 3.1.1 游标卡尺的结构,由一最小分度为毫米的主尺 D 和套在 D 上可以滑动的游标 E 组成.主尺 D 左侧有两个垂直于主尺长度的固定量爪 A′和 A,游标 E 左侧有两个垂直于主尺长度的活动量爪 B′和 B,还有一测量深度的尾尺 C,B′、B 和 C 都随游标一起移动.游标上有一个制动螺丝 F,松开 F 可使游标沿主尺滑动.当量爪 A 和 B 密切接触时(此时,A′和 B′也密切接触,且尾尺 C 的尾端恰与主尺的尾端对齐),主尺上的"0"刻线和游标上的"0"刻线也正好对齐.当拉动游标 E 时,两个量爪做相对移动而分离,其距离大小从游标 E 和尺身 D 上读出.钳口型量爪 A、B 用于测量各种外尺寸;刀口型量爪 A′、B′用于测量孔的直径和各种内尺寸;深度尺 C 用于测量各种深度尺寸,主尺 D 右端面是测深定位基准.

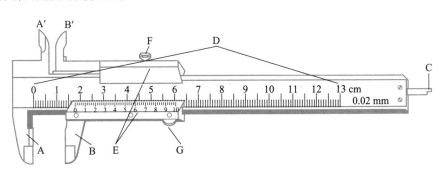

图 3.1.1　游标卡尺

　　使用游标卡尺时应该左手拿被测物体,右手握尺,用拇指按住游标上凸起部位 G,或推或拉,把物体轻轻卡住即可读数.不要将被夹紧的被测物体在量爪间挪动,以免磨损量爪.

　　(1) 游标读数原理.

　　游标量具由主尺(固定不动)和沿主尺滑动的游标尺组成.主尺一格(两条相邻刻线间的距离)的宽度与游标尺一格的宽度之差,称为游标分度值.目前,游标卡尺的主尺刻度为每格 1 mm,游标分度值有 0.10 mm、0.05 mm、0.02 mm 三种.把游标尺等分为十个分格的,叫"十分游标",图 3.1.2 是它的读数原理示意图.游标上有 10 个分格,其总长正好等于主尺的 9 个分格.主尺上一个分格是 1 mm,因此游标上 10 个分格的总长等于 9 mm,它一个分格长度是 0.9 mm,与主尺一格的宽度之差(游标分度值)为 0.10 mm.

　　从图 3.1.2(a)中两尺(游标尺和主尺)的"0"线对齐开始向右移动游标尺,当移动 0.1 mm 时,

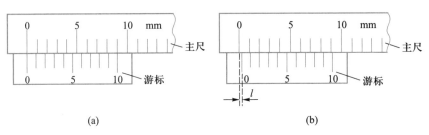

(a)　　　　　　　　　　　　　　　(b)

图 3.1.2　十分游标的主尺与游标尺

两尺上的第一根线对齐,两根"0"线间相距为 0.1 mm;当移动 0.2 mm 时,两尺的第二根线对齐,两根"0"线间相距为 0.2 mm.显而易见,当游标尺移动 0.9 mm 时,两尺的第九根线对齐,这时两根"0"线相距为 0.9 mm.可见,利用游标原理可以准确地判断游标尺的"0"线与主尺上刻线间相互错开的距离,该距离的大小,就是测量值的小数数值.如:当钳口型量爪之间夹一纸片时,游标尺上第二根线与主尺第二根线对齐,如图 3.1.2(b),则纸片厚度为 0.2 mm.

（2）游标卡尺的读数.

游标尺的"0"线是读整数毫米的基准,主尺上靠近游标"0"线左边最近的那根刻线的数字就是主尺的毫米值(整数部分);然后,再看游标尺上哪一根线与主尺上的刻线对齐,将该线的序号乘游标分度值,就是测量值的小数数值;将整数和小数相加,就是所求的数值.如图 3.1.3 所示,因为主尺的第 132 根刻线靠近游标尺的"0"线的左边,所以整数部分是 132 mm;因为游标尺的第 9 根刻线与主尺上的某一根刻线对齐,所以小数部分是 0.05 mm×9＝0.45 mm,最终的测量结果为 132.45 mm.

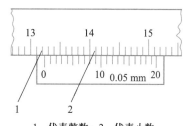

1—代表整数；2—代表小数.

图 3.1.3　游标卡尺的读数方法

读数时要注意,主尺上刻的数字是厘米数,例如主尺上刻 13 是表示 13 cm,即 130 mm;游标尺上刻的数字是游标分度值,例如刻 0.05 mm、0.02 mm 和 0.10 mm,分别表示游标分度值为 0.05 mm、0.02 mm 和 0.10 mm.

（3）使用注意事项.

1）游标卡尺使用前,首先要校正零点.若钳口 A、B 合拢时,游标 0 线与主尺 0 线不重合,则应记下零点读数加以修正.例如,读数值为 l_1,零点读数为 l_0,则待测量为 $l＝l_1-l_0$.

2）测量过程中,要特别注意保护钳口和刀口,只能轻轻地将被测物体卡住,不能测量粗糙的物体,不准将物体在钳口内来回移动.

3. 螺旋测微器(千分尺)

螺旋测微器是比游标卡尺更精密的测量仪器,常见结构如图 3.1.4 所示,其准确度至少可以达到 0.01 mm,它的主要部分是测微螺旋.

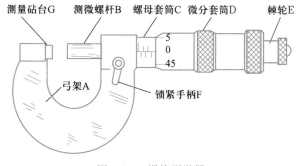

测量砧台G　测微螺杆B　螺母套筒C　微分套筒D　棘轮E

弓架A　锁紧手柄F

螺旋测微器

图 3.1.4　螺旋测微器

测微螺旋是由一根精密的测微螺杆 B 和螺母套筒 C(其螺距是 0.5 mm)组成的.测微螺杆的后端还带有一个 50 分度的微分套筒 D,当其相对于螺母套筒转过一周时,测微螺杆就会在螺母套筒内沿轴线方向前进或后退 0.5 mm.同理,当微分套筒转过一个分度时,测微螺杆就会前进或后退 1/50×0.5 mm＝0.01 mm.为了精确读出测微螺杆移动的数值,在螺母套筒上刻有毫米分度标尺,基线上下两排刻度相同,并相互均匀错开,因此相邻一上一下刻度之间的距离为 0.5 mm.

（1）使用.

当转动螺杆使测砧测量面刚好与测微螺杆端面接触时,微分套筒锥面的端面就应与螺母套筒上的 0 线相齐.同时,微分套筒上的 0 线也应与螺母套筒上的水平准线对齐,这时的读数是 0.000 mm.测量物体时,先将微分套筒沿逆时针方向旋转,将测微螺杆推开,把被测物体放在测砧和螺杆之间,然后轻轻沿顺时针方向转动棘轮,当听到喀喀声时即停止,这时螺母套筒的标尺和微分套筒锥面分度上的示数就是被测物体的长度.

（2）读数.

读螺旋测微器和读游标卡尺一样,也分以下三步.

1）读整数.

微分套筒的端面是读取整数的基准.读数时,看微分套筒端面左边螺母套筒上露出的刻线的数字,该数字就是主尺的读数,即整数.

2）读小数.

螺母套筒的基线是读取小数的基准.读数时,看微分套筒上是哪一条刻线与螺母套筒的基线重合.如果螺母套筒上的 0.5 mm 刻线没有露出,则微分套筒上与基线重合的那条刻线的数字就是测量所得的小数.如果 0.5 mm 刻线已经露出,则从微分套筒上读得的数字再加上 0.5 mm 才是测量所得的小数.这点要特别注意,不然会少读或多读 0.5 mm,造成读数错误.当微分套筒上没有任何一条刻线与基线恰好重合时,应该估读到小数点后第三位数.

3）求和.

将上述两次读数相加,即为所求的测量结果.图 3.1.5 给出了读数示例.

（3）使用注意事项.

1）使用螺旋测微器测量长度时,必须先校正 0 点.当旋转棘轮,使两个测量端面接触时,若所示数值不为 0,一定要找出修正量,然后再进行测量.

2）测量过程中,当测量面与物体之间的距离较大时,可以旋转微分套筒去靠近物体.当测量面与物体间的距离甚小时,一定要改用棘轮,使测量面与物体轻轻接触,否则易损伤测微螺杆,降低仪器的准确度.

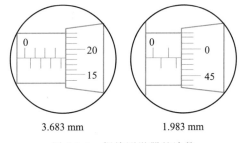

3.683 mm　　　　1.983 mm

图 3.1.5　螺旋测微器的读数

3）测量完毕应使测量面之间留有空隙,以防止因热膨胀而损坏螺纹.

4. 读数显微镜

读数显微镜结构如图 3.1.6 所示,它由光学部分和机械部分构成.光学部分是一个长焦距的显微镜.机械部分主要是底座、由丝杆带动的滑台以及读数标尺等.其测长原理同螺旋测微器相当,可以精确读到 0.01 mm,估读到 0.001 mm.读数显微镜的操作方法如下.

（1）了解读数显微镜的构造和各部件的作用.

（2）将读数显微镜安放平稳、适当,大致对准被测物体.

（3）反复调整显微镜目镜,直到能够看清里面的叉丝.

（4）仔细调节物镜调焦手轮使显微镜聚焦，直到清楚地看到被测物体，并且尽可能地消除视差.（消除视差的判断标准：当眼睛左右移动时，通过显微镜看去，叉丝和被测物体的像之间无相对移动.）

（5）先让叉丝对准被测起点，记录读数，然后转动鼓轮手柄，移动显微镜，使叉丝对准被测终点，再记录此时的读数，两次读数之差即是被测两点的间距.

（6）在操作中应注意消除螺距误差，即在测量过程中，测微鼓轮应朝一个方向转动，不能在中途返回.

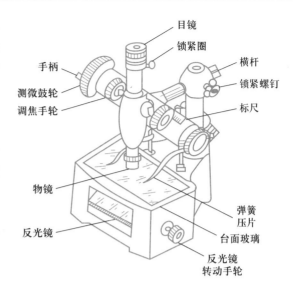

图 3.1.6　读数显微镜

【实验仪器】

米尺，游标卡尺，螺旋测微器，读数显微镜，被测物等.

读数显微镜

【实验内容】

1. 用米尺多次测量所给样品的长度，记录数据.
2. 用游标卡尺测量并计算所给样品的体积.
3. 分别用螺旋测微器和读数显微镜测量所给钢丝的直径.
4. 用读数显微镜对毫米刻度尺的某一段刻度进行校准，并求出毫米刻度尺分度值的平均值.

【数据处理】

1. 记录样品长度填于表 3.1.1 中.

表 3.1.1　样　品　长　度

仪器:米尺　　最小分度:_____　　零点 δ:_____

测量次数	1	2	3	4	5	6	7	8	9	平均值
长度 l/mm										

用平均值的标准误差公式计算不确定度，并写出直接测量结果

2. 记录圆柱的直径 D、高 h 填于表 3.1.2 中，并计算圆柱的体积.

表 3.1.2　圆柱的直径和高

仪器:游标卡尺　　最小分度:_____　　零点 δ:_____

测量次数	1	2	3	4	5	6	7	8	9	平均值
直径 D/mm										
高 h/mm										

用平均值的标准误差公式计算不确定度,并写出直接测量结果

用直接测量结果和标准误差的传递公式计算间接测量的圆柱的体积及不确定度,并写出间接结果.

3. 记录并计算钢丝直径.

记录表格自拟,由等精度测量 $d_1,d_2,\cdots,d_n$,计算钢丝直径的平均值及其不确定度,并写出间接测量结果.

4. 记录读数显微镜测量的毫米刻度尺某一段刻度,记录表格自拟,并求出毫米刻度尺分度值的平均值.

【思考讨论】

1. 用游标卡尺测量长度时如何读数? 游标本身有没有估读数?

2. 螺旋测微器以毫米为单位可估读到哪一位,初读数的正、负如何判断? 被测物体的长度如何确定?

3. 当被测量分别为 1 mm、10 mm、10 cm 时,欲使单次测量的不确定度小于 0.5%,问各选取什么测量仪器最恰当? 为什么?

实验 3.2　固体、液体密度的测定

质量是物体的基本属性之一,由于物体的重量 G 和质量 m 的关系为 $G=mg$,所以质量相等的物体,在同一地点重量(即重力)也必相等.因此,质量的测量和力的测量是紧密相关的.质量的测量方法很多,但基本都是根据有关的力学定律,从被测物体受力达到平衡状态中得出质量大小的.实验中采用的仪器主要是天平,另外,惯性是物体固有属性之一,用天平所测物体的质量是引力质量,用动态法所测物体的质量是惯性质量.

【实验目的】

1. 练习使用物理天平进行称量.
2. 熟悉物质密度的测量方法.

【实验原理】

密度是物质的基本属性之一,在工业上常通过物质密度的测定作成分分析和纯度鉴定.按照密度的定义:

$$\rho=\frac{m}{V} \tag{3.2.1}$$

测出物体的质量 m 和体积 V 后,可间接测得物体的密度.利用天平很容易测准质量,对于规则固体,可通过测出它的外形尺寸,间接测得其体积,但是,对于不规则固体,若采用测外形尺寸来求体积,则计算比较麻烦,而采用转换方法来测它的体积是比较容易的.

1. 用流体静力称衡法测不规则固体的密度

这一方法的基本原理是阿基米德原理.物体在液体中所受的浮力等于它所排开液体的重

量.如果不计空气的浮力,物体在空气中的重力 $G=mg$,浸没在液体中的视重 $G_1=m_1g$,物体所受的浮力为

$$F=G-G_1=(m-m_1)g \tag{3.2.2}$$

m 和 m_1 是物体在空气中及全部浸入液体中称衡时,相应的天平砝码的质量.因浮力等于物体所排开液体的重量,即

$$F=\rho_0 Vg \tag{3.2.3}$$

式中,ρ_0 是液体的密度,V 是排开液体的体积,亦即物体的体积.由(3.2.1)式、(3.2.2)式、(3.2.3)式可得待测物体的密度

$$\rho=\frac{m}{V}=\frac{m}{m-m_1}\rho_0 \tag{3.2.4}$$

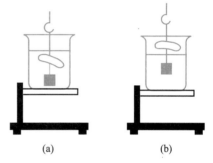

用这种方法测密度,避开了不易测量的不规则体积 V,转换成测量较容易测准的质量 m.实验中液体常用水,此时 ρ_0 为水的密度.

如果被测物体的密度小于液体的密度,则可采用如下方法:将物体拴上一个重物,使被测物体连同重物一起全部浸没在液体中,如图 3.2.1(a)所示.这时进行称衡,相应砝码的质量为 m_2.再将物体提升到液面之上,重物仍浸没液体中,如图 3.2.1(b)所示.这时进行称衡,相应的砝码质量为 m_3.则物体在液体中所受的浮力为

$$F=(m_3-m_2)g \tag{3.2.5}$$

物体的密度为

$$\rho=\frac{m}{m_3-m_2}\rho_0 \tag{3.2.6}$$

图 3.2.1　小密度体积测量

2. 用流体静力称衡法测液体的密度

如果要测液体密度,可以先将一个重物分别放在空气中和浸没在密度为 ρ_0 的已知的液体中称衡,相应的砝码质量分别为 m 和 m_1,再将该重物浸没在被测液体中称衡,相应的砝码质量 m_2.则重物在被测液体中受到的浮力为

$$F=(m-m_2)g=\rho Vg \tag{3.2.7}$$

重物在密度为 ρ_0 的液体中所受浮力为

$$F'=(m-m_1)g=\rho_0 Vg \tag{3.2.8}$$

由(3.2.7)式和(3.2.8)式可得被测液体密度为

$$\rho=\frac{m-m_2}{m-m_1}\rho_0 \tag{3.2.9}$$

3. 粒状物体密度的测定

如果物体是形状不规则的小颗粒,显然不可能将它们逐一用流体静力称衡法测其质量,此时可采用比重瓶法来测定其密度.普通比重瓶是用玻璃制成的容积固定的容器,有多种不同的形状,本实验所用的是形状最简单的一种,如图 3.2.2 所示.为了保证瓶内的容积固定,比重瓶的瓶塞是用一个中间有毛细管的磨口塞子做成.使用时,用移液管注入液体到瓶内,用塞子塞紧,多余的液体就会通过塞子上的毛细管流出来,这样就可以保证比重瓶的容积是固定的.

设称得颗粒状物体的总质量为 m_1，比重瓶装满水后的质量为 m_2，装满水的比重瓶里加入颗粒状的待测物后质量为 m_3，则比重瓶里被颗粒状物体排出的水的质量为 $m_1 + m_2 - m_3$，于是，颗粒状物体的体积为

$$V = (m_1 + m_2 - m_3)/\rho_0 \qquad (3.2.10)$$

至此，可以求得颗粒状物体的密度

$$\rho = m_1/V = m_1\rho_0/(m_1 + m_2 - m_3) \qquad (3.2.11)$$

毛细管

磨口瓶塞

图 3.2.2　比重瓶

【实验仪器】

物理天平,烧杯,比重瓶,温度计,细线,金属块,被测液体.

【实验内容】

天平

1. 用流体静力称衡法测固体样品的密度

(1) 检查、调整物理天平;

(2) 测出金属样品在空气中的质量 m;

(3) 将盛有水的烧杯放在天平的托架上,使金属块全部浸入水中,称出其质量 m_1;

(4) 记录实验时的水温,由附录查出该温度下的水的密度 ρ_0;

(5) 称衡完毕,检查天平是否保持空载平衡,如平衡已被破坏,则实验必须重新进行;

(6) 计算出样品的密度 $\rho = \dfrac{m}{m - m_1}\rho_0$;

(7) 自己拟定测量石蜡样品密度的实验步骤,并计算出石蜡样品的密度.

2. 用流体静力称衡法测被测液体的密度

(1) 将实验内容 1 测定后的金属块擦干,使其全部浸没在被测液体中,称出金属块浸没在被测液体中的质量 m_2;

(2) 计算被测液体的密度 $\rho = \dfrac{m - m_2}{m - m_1}\rho_0$.

3. 用比重瓶法测定小钢珠的密度

(1) 称量出 10 颗小钢珠的质量 m_1;

(2) 将比重瓶注满水塞上塞子,擦去溢出的水,注意不要残留气泡,称出瓶及水的质量 m_2;

(3) 将上述 10 颗小钢珠倒入比重瓶,称出比重瓶、水及 10 颗小钢珠的质量 m_3;

(4) 计算出小钢珠的密度.

4. 处理实验数据

以上每次称衡请重复 5 次,按误差理论要求处理实验数据,求出测量结果的不确定度.

【注意事项】

1. 只有在进入液体后物体的性质不会发生变化时,才能用流体静力称衡法测量密度.

2. 用物理天平称衡时,每次加减砝码必须使天平制动.

【思考讨论】

1. 使用天平应进行哪些调节？如何消除天平不等臂误差？
2. 在直接测量的工作流程中,如何确定测量次数、测量结果最佳值和误差？
3. 测定不规则固体密度时,若被测物体浸入水中时表面附有气泡,则实验所得密度是偏大还是偏小？为什么？

实验 3.3　用单摆测重力加速度

时间是物理学中最基本的物理量之一,人们对时间和空间的深刻认识,曾经使物理学理论有过辉煌的时期.要测量物体的加速度必然涉及时间的测量.随着科学技术的不断进步,人们对时间的测量手段也在不断进步,测量精度也在不断提高.通过本实验,学生们应掌握停表的正确使用方法,学会用单摆测定重力加速度.

【实验目的】

1. 练习使用停表和米尺测量单摆的周期和摆长.
2. 求出当地的重力加速度.
3. 考察单摆的系统误差对测重力加速度的影响.

【实验原理】

将一根不可伸长的细长线的一端系住一小球,另一端固定,使它在重力作用下摆动.若细线的质量比小球的质量小得多,而球的直径又比细线的长度小得多,则它就是一单摆,如图 3.3.1 所示.

设小球的质量为 m,摆长为 l,根据牛顿第二定律,小球的运动方程为

$$ma = -mg\sin\theta$$

θ 很小时,上式可写成 $ml\dfrac{\mathrm{d}^2\theta}{\mathrm{d}t^2} = -mg\theta$,即

$$\frac{\mathrm{d}^2\theta}{\mathrm{d}t^2} + \frac{g}{l}\theta = 0 \tag{3.3.1}$$

由(3.3.1)式可知,小球做简谐振动,其圆频率 $\omega = \sqrt{\dfrac{g}{l}}$,小球往返摆动一次所需的时间(即周期)

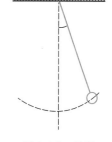

图 3.3.1　单摆

$$T = 2\pi\sqrt{\frac{l}{g}} \tag{3.3.2}$$

由(3.3.2)式可知,单摆的周期只与摆长和重力加速度有关.如果测出单摆的周期和摆长,就可以计算出重力加速度

$$g = 4\pi^2\frac{l}{T^2} \tag{3.3.3}$$

这是粗略测定重力加速度的一种简便方法.

实际测量时,若只测量一个周期,相对误差较大,我们可以测量连续摆动 n(一般 $n>10$)个周期的时间 t,则有

$$g=4\pi^2\,\frac{n^2\,l}{t^2} \tag{3.3.4}$$

【实验仪器】

单摆,钢球,乒乓球,米尺,游标卡尺,停表.

【实验内容】

1. 测定摆长.取摆长为 100 cm 左右,注意摆长中包括小球的半径,至少测三次.

2. 选取 $n=30$,即连续测出单摆摆动 30 个周期所用的时间.注意摆角不宜太大,要求 $\theta<5°$.测量时,选摆的平衡位置作为记数参考位置,至少测三次,求平均值,计算重力加速度并求相对误差.

$$E=\frac{g_标-g}{g_标}\times100\%<1\%$$

3. 每次改变摆长 10 cm 左右,测出十种摆长下的周期,作 $l\text{-}T^2$ 图像,由直线斜率可求 g.

4. 考虑空气浮力对测 g 的影响,将摆球换成乒乓球,重复实验内容中的 1、2. 因乒乓球较轻,取 $n=20$ 即可.计算公式请扫描二维码查看.

【注意事项】

1. 摆长 l 应是摆线长加小球的半径.摆长不能小于 30 cm.

2. 球的摆角 $\theta<5°$.

3. 握停表的手和小球同步运动,测量误差可能小些.

4. 当摆球过平衡位置时,按表计时,测量误差可能小些.

5. 为防止数错 n,应在计时开始时数 0,以后每过一个周期,数 $1,2,3,\cdots,n$.

【思考讨论】

1. 为什么测量周期时不宜直接测量摆球往返一次摆动的周期?试从误差分析来说明.

2. 在室内天棚上挂一单摆,摆长很长,请你设法用简单的工具测出摆长?不许直接测量摆长.

实验 3.4　牛顿第二定律的验证

气垫导轨是一种摩擦很小的运动实验装置,配上高精度毫秒计等,可以定量研究力学中的许多现象和运动规律.利用气垫导轨能够观察和研究在近似无阻力情况下物体的各种运动规律,极大地减少了由于摩擦力的存在而出现的较大误差,大大提高了实验的精确度.本实验利用气垫导

轨和光电计时系统,使牛顿第二定律的定量研究获得理想效果.通过本实验学生可学习如何进行速度和加速度的测量,掌握检验力学定理的途径和方法.

【实验目的】

1. 了解气垫导轨的构造,掌握其使用和调整的方法.
2. 学习光电计数系统的工作原理及使用方法.
3. 学会测量物体的速度和加速度.
4. 验证牛顿第二定律.

【实验原理】

牛顿第二定律的数学表达式为

$$F_合 = ma \tag{3.4.1}$$

由此式可知,当物体的质量 m 一定时,其加速度 a 与所受的合外力 F 成正比;当合外力 F 一定时,物体质量 m 与加速度 a 成反比.

实验装置如图 3.4.1 所示,对于滑块、砝码盘、砝码和滑轮组成的这一系统,其所受合外力大小等于砝码和砝码盘所受的重力减去阻力.在本实验中,若忽略气垫导轨上的阻力(滑轮为轻小滑轮,质量和轴间摩擦可忽略不计;丝带为轻质丝带,质量可忽略),由牛顿第二定律可得

$$m_1 g = (m_1 + m_2)a \tag{3.4.2}$$

式中,m_1 为砝码和砝码盘的总质量,m_2 为滑块及其附加物的质量,a 为系统的加速度.(3.4.2)式表明:在系统的总质量$(m_1 + m_2)$保持不变的情况下,改变 $m_1 g$,测出相应的

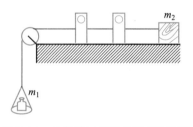

图 3.4.1　牛顿第二定律验证实验装置

系统加速度 a,便可验证系统所受合外力 F 与加速度 a 成正比;保持系统所受合外力 $m_1 g$ 不变,改变系统的总质量$(m_1 + m_2)$,测出相应的加速度 a,便可验证加速度 a 的大小与系统的总质量$(m_1 + m_2)$成反比.因而验证(3.4.2)式也就是验证牛顿第二定律.

对于瞬时速度的测量:一个做直线运动的物体,在时间 Δt 内,经过的位移为 Δx,则该物体在 Δt 时间内的平均速度为

$$\bar{v} = \frac{\Delta x}{\Delta t} \tag{3.4.3}$$

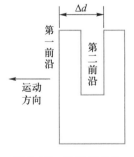

图 3.4.2　U 形挡光片

为了精确描述物体在某点的实际速度,应该把时间 Δt 取得越小越好,Δt 越小,所求的平均速度越接近实际速度,当 $\Delta t \to 0$ 时,平均速度趋近于一个极限,即物体在该点的瞬时速度.实际上,直接测量某点的瞬时速度是极其困难的,因此,在一定误差范围内,可用历时极短的 Δt 内的平均速度近似地代替瞬时速度.本实验在滑块上安装 U 形挡光片,用游标卡尺测出挡光片两挡光沿的距离 Δd,如图 3.4.2 所示,用数字毫秒计(用 S_2 挡)测出挡光片通过光电门时两次遮光的时间

间隔 Δt,则

$$v = \frac{\Delta d}{\Delta t} \tag{3.4.4}$$

由于 Δt 很小,可近似地认为 v 是滑块在此点的瞬时速度.

在导轨上相距为 s 的两处,分别安装两个光电门.当滑块在水平方向的恒外力的作用下做匀加速直线运动时,测出滑块先后经过两个光电门的速度 v_1 和 v_2,由运动学公式可知系统的加速度为

$$a = \frac{v_2^2 - v_1^2}{2s} \tag{3.4.5}$$

【实验仪器】

气垫导轨,滑块,光电门,数字毫秒计,物理天平,游标卡尺,气源,砝码,配重块.

1. 气垫导轨简介

图 3.4.3 是气垫导轨的结构示意图,它主要由以下几个部分组成.

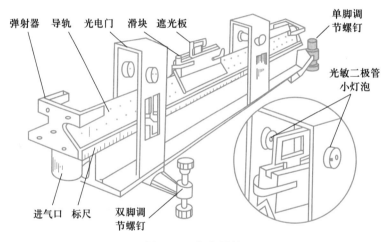

图 3.4.3 气垫导轨

（1）导轨.采用角铝合金型材,为了加强刚性,需将铝合金型材固定在工字钢上,工字钢梁底部有两个支座,一个是单脚,另一个是双脚,调节支座上的调节螺钉,可使导轨在纵、横两个方向上水平.导轨的长度有 1.2 m 和 1.5 m 两种,导轨的宽度为 40 mm,上面均匀分布了两排直径为 0.4 mm 的气孔.

（2）光电门.它是由小灯泡和光敏管组成,利用光敏管受光照和不受光照时的电势变化,产生电脉冲来控制计时器"计"和"停",进行计时,光电门在导轨上的位置可由定位窗读出.

（3）滑块.它是在导轨上运动的物体,在它上面可以加装遮光板、加重块、缓冲弹簧和橡皮泥等附件.

（4）气源.为了向气垫导轨管腔内输送压缩空气,需要供气设备,即通常指的"气源".气源一般由电动机带动风叶轮旋转而产生压缩空气.

注意:

(1) 勿损伤导轨,未通气时不允许将滑块放在导轨上滑动,以免磨损降低精度.

(2) 保持轨面清洁,应在接通气源后用酒精脱脂棉将轨面和滑块内表面擦净.

(3) 导轨和滑块是作为偶件配合的,不能与其他导轨的滑块互换,且滑块最忌跌落.

(4) 实验中在给滑块增减附件时,必须将滑块从导轨上取下来;结束时,必须先将滑块从导轨上取下再关闭气源.

2. 数字毫秒计

数字毫秒计是用数码管显示数字来表示时间的一种精密计时装置.它与光电门配合使用,利用光电二极管产生的电脉冲来控制毫秒计的"计时"与"停止",精度可达 0.1 ms,一般最大量程为 99.99 s.下面对其功能做简要介绍:

(1) 机控.选择开关拨向"机控"位置,双线插头的外接开关接通时开始计时,断开时停止计时.

(2) 光控.选择开关拨向"光控"位置时,控制脉冲由光电门输入,可根据需要选择.S_1 挡功能是光电门被遮光时数字毫秒计开始计时,遮光终止恢复光照时,停止计时;S_2 挡功能是第一次遮光数字毫秒计开始计时,第二次遮光停止计时.

(3) 时间信号选择开关.面板上时间信号选择开关设有三挡,各有不同的精度和量程,分别是 0.1 ms、1 ms、10 ms 挡.

(4) 复位和复位延时.测量时可选择"手动"或"自动"复位,复位延时旋钮是用来调节自动清零时间的.

【实验内容】

1. 仪器调整

(1) 调节气垫导轨水平.在导轨的中部相隔一定距离放置两个光电门,使滑块运动时,滑块上的遮光板通过两个光电门的时间几乎相等.具体调节如下:把滑块静止放在导轨上,调节导轨的单脚螺钉,使滑块基本静止,再轻轻推动滑块使其滑动,观察经过两光电门显示的时间,仔细调节单脚螺钉,使两个时间相差 3 ms 以内,就可认为导轨已基本调成水平.

(2) 数字毫秒计的选择开关分别拨向"光控""S_2""0.1 ms"或"1 ms"挡位.检查双线插头是否正确插入"光控"插孔内,两光电门和数字毫秒计遮光计时是否正常.

(3) 将相距约 50 cm 的两光电门固定在靠滑轮一边的适当位置,滑块上装上 U 形挡光片.

2. 验证牛顿第二定律

(1) 验证运动系统的总质量(m_1+m_2)不变,合外力 F 正比于加速度 a.将砝码预先置于滑块上,使滑块从第一个光电门外侧约 20 cm 处开始运动,逐次从滑块上取下相等质量的砝码(每次取 2 g),放入砝码盘中,直到砝码全部移到盘中为止,测出滑块分别经过两个光电门的时间 Δt_1 和 Δt_2,用游标卡尺测出 U 形挡光片两前沿间的距离 Δd,读出两光电门之间的距离 s,将数据填入表 3.4.1 中.

(2) 验证合外力 m_1g 不变,运动系统总质量(m_1+m_2)与加速度 a 成反比.保持砝码盘中的砝码质量不变,逐次在滑块上加配重块(每次加 50 g),测出滑块分别经过两个光电门的时间 Δt_1 和 Δt_2,将所测的 Δd、s、m_1 和 m_2 填入表 3.4.2 中.

🔧【数据处理】

表 3.4.1

$$\Delta d = \underline{\qquad}\ \text{cm}, \quad s = \underline{\qquad}\ \text{cm}, \quad m_1 + m_2 = \underline{\qquad}\ \text{g}$$

次数	项目				
	$\Delta t_1/\text{s}$	$v_1/(\text{cm/s})$	$\Delta t_2/\text{s}$	$v_2/(\text{cm/s})$	$a/(\text{cm/s}^2)$
1					
2					
...					

利用(3.4.5)式计算出各对应的加速度 a,根据表 3.4.1 中的数据作出 a-F 图.若为直线,则 F 和 a 正比关系成立,且直线的斜率应为运动系统总质量的倒数.

表 3.4.2

$$\Delta d = \underline{\qquad}\ \text{cm}, \quad s = \underline{\qquad}\ \text{cm}, \quad m_1 = \underline{\qquad}\ \text{g}$$

次数	项目					
	$\Delta t_1/\text{s}$	$v_1/(\text{cm/s})$	$\Delta t_2/\text{s}$	$v_2/(\text{cm/s})$	$a/(\text{cm/s}^2)$	$\dfrac{1}{a}/(\text{s}^2/\text{cm})$
1						
2						
...						

根据表 3.4.2 的数据作出 m-$\dfrac{1}{a}$ 图,若为直线,且直线的斜率等于 $m_1 g$,截距为 $-m_1$,则可认为系统的总质量与其加速度成反比关系成立.

💡【注意事项】

1. 在验证合外力 F 与加速度 a 成正比时,改变 m_1 所需要的砝码应预先放在滑块上,而不是直接从砝码盒中拿取.

2. 数字毫秒计"S_2"挡功能是从第一次遮光时开始计时,不遮光仍然计时,直到第二次遮光时停止计时.

3. 实验中滑块每次都要从同一位置开始释放.

💬【思考讨论】

1. 使用气垫导轨时要注意哪些问题?

2. 实验中如果导轨未调平,对验证牛顿第二定律有何影响? 得到的 m-a 曲线将是怎样?

3. 实验中为什么要将改变作用力所需要的所有砝码都放在滑块上,而不是逐个从砝码盒中取出?

实验 3.5　动量守恒定律和能量守恒定律的验证

利用气垫导轨和光电计时系统,许多力学实验能够进行准确的定量分析和研究,使实验结果接近理论值,实验现象更加真实、直观,如速度和加速度的测量,重力加速度的测定,牛顿运动定律的验证,动量守恒定律的研究,简谐振动的研究等.动量守恒定律是自然界的一个普遍规律,不但适用于宏观物体,也适用于微观粒子,在科学研究和生产技术方面都被广泛应用.本实验通过两个滑块在水平气垫导轨上的完全弹性碰撞和完全非弹性碰撞过程来研究动量守恒定律和能量守恒定律,并分析和校正实验中的系统误差.

碰撞相关
介绍

📍【实验目的】

1. 验证动量、能量守恒定律,研究弹性和非弹性碰撞的特点.
2. 分析和校正实验中的系统误差.

⚙【实验原理】

1. 验证动量守恒

动量守恒定律是自然界的普遍规律,它揭示了通过物体间的相互作用,机械运动发生转移的规律.

在一个力学系统中,如果系统所受合外力为零,则系统的总动量保持不变,这就是动量守恒定律.本实验在气垫导轨上研究两个运动的滑行器的一维对心碰撞,分析不同种类的碰撞前、后动量和动能的变化情况,从而验证动量守恒定律.

在水平导轨上放两个滑行器 1 和 2,它们沿直线做对心碰撞时,以两个滑行器作为力学系统,因摩擦力趋于零,忽略空气阻力,在水平方向不受外力,系统的总动量应保持不变,即

$$m_1 v_1 + m_2 v_2 = m_1 v_1' + m_2 v_2' \tag{3.5.1}$$

m_1 和 m_2 分别为两滑行器 1 和 2 的质量,v_1 和 v_2、v_1' 和 v_2' 分别为碰撞前后的速度.v_1、v_2、v_1'、v_2' 的正负号取决于速度方向与所选坐标方向是否一致,相同取正,相反取负.测出 $m_1, m_2, v_1, v_2, v_1', v_2'$ 代入(3.5.1)式,看碰撞前后动量是否相等,相等则动量守恒定律得到验证.下面分两种情况进行讨论.

(1) 完全弹性碰撞.

在滑行器相碰端装上弹性极好的缓冲弹簧,则它们的碰撞过程可近似看作没有机械能损失的完全弹性碰撞,因此有:

$$\frac{1}{2}m_1 v_1^2 + \frac{1}{2}m_2 v_2^2 = \frac{1}{2}m_1 v_1'^2 + \frac{1}{2}m_2 v_2'^2 \tag{3.5.2}$$

联立(3.5.1)式和(3.5.2)式可得

$$v_1' = \frac{(m_1 - m_2)v_1 + 2m_2 v_2}{m_1 + m_2}$$

$$v_2' = \frac{(m_2 - m_1)v_2 + 2m_1v_1}{m_1 + m_2}$$

实际上,完全弹性碰撞是一种理想状态,而在一般碰撞过程中,总有一定能量损失,所以碰撞前后仅总动量保持守恒,即 $m_1v_1 + m_2v_2 = m_1v_1' + m_2v_2'$,机械能不一定守恒.

(2) 完全非弹性碰撞.

在两滑行器的相碰面上装上尼龙搭扣,碰撞后两滑行器将粘在一起以同一速度运动,从而实现了完全非弹性碰撞.

如果 $v_2 = 0$,相碰后,$v_1' = v_2' = v'$,那么由(3.5.1)式可得

$$v' = \frac{m_1 v_1}{m_1 + m_2} \tag{3.5.3}$$

(3) 碰撞的种类.

根据牛顿提出的弹性恢复系数的概念

$$e = \frac{v_2' - v_1'}{v_1 - v_2}$$

碰撞根据碰撞前后的速度变化可以划分为:完全弹性碰撞——两物体在碰撞前后的相对速度相等($e = 1$);完全非弹性碰撞——碰撞后的相对速度为零($e = 0$);非完全弹性碰撞——碰撞后的相对速度小于碰撞前相对速度($0 < e < 1$).

2. 验证机械能守恒定律

在外力不做功、只有保守力(例如重力、弹性力等)做功的条件下,系统的动能和势能可以相互转化,但其总和保持不变,这个结论简称为机械能守恒定律.

调节气垫导轨使其与水平面的夹角为 α.若此过程中,系统只有重力做功,则满足机械能守恒条件.

质量为 m 的滑行器,由相距为 s 的光电门 1 运动到光电门 2 时,系统势能的减少量为

$$\Delta E_{\mathrm{p}} = mgs\sin\alpha \tag{3.5.4}$$

系统动能的增加量为

$$\Delta E_{\mathrm{k}} = \frac{1}{2}mv_2^2 - \frac{1}{2}mv_1^2 \tag{3.5.5}$$

式中 v_1, v_2 分别为滑行器先后经过两个光电门的速度.若

$$mgs\sin\alpha = \frac{1}{2}mv_2^2 - \frac{1}{2}mv_1^2 \tag{3.5.6}$$

系统的机械能守恒.

当导轨的倾角较小时,$\sin\alpha \approx \tan\alpha = \dfrac{\Delta h}{l}$,(3.5.6)式可写为

$$mgs\frac{\Delta h}{l} = \frac{1}{2}mv_2^2 - \frac{1}{2}mv_1^2 \tag{3.5.7}$$

【实验仪器】

气垫导轨,垫块,气源,数字毫秒计,电子天平,游标卡尺,米尺,弹簧,尼龙搭扣.

【实验内容】

1. 验证动量守恒定律

(1) 弹性碰撞下验证动量守恒定律.

1) 实验前,将气垫导轨通气,使数字毫秒计处于正常工作状态.

2) 调节气垫导轨水平.检验气垫导轨是否水平的方法,是检查滑行器是否在气垫导轨上任一位置都能静止不动,如是,则气垫导轨是水平的.(也可在气垫导轨上相隔 50～60 cm 的两处放两个相同的光电门,给滑行器装上挡光条,看滑行器自由运动经过两光电门的时间差是否满足小于 1% 的条件,如满足,则说明滑行器做匀速运动.)否则,可调整底座螺钉,使气垫导轨水平.

3) 取两个分别安装上 1 cm 挡光片的滑行器放在导轨上,将毫秒计功能选择在"col"挡,令两个滑行器在导轨两端处作为运动起点,两手同时推动两个滑行器使其相向运动,让它们分别通过两个光电门发生碰撞,碰撞后,各自朝相反的方向运动,再次分别通过两个光电门,此时毫秒计会自动测出 4 个时间 t_1, t_1', t_2, t_2',四个对应的速度 v_1, v_1', v_2, v_2'.

4) 改变碰撞时的速度,重复上述内容五次.

5) 用天平分别称出两个滑行器的质量 m_1 和 m_2,将数据记入表中,验证弹性碰撞前后的动量是否守恒.

(2) 完全非弹性碰撞下验证动量守恒定律.

1) 重复(1)中步骤 1)和 2).

2) 将两个装有尼龙搭扣的滑行器放在导轨上(尼龙搭扣端相对),取下滑行器 2 上的挡光板.将毫秒计功能选择在"S_2"挡,令滑行器 2 放在两个光电门中间处(离第二个光电门近些),另一滑行器 1 放在导轨的进气口端.用手推动滑行器 1 向滑行器 2 的方向运动,通过一光电门后,自动测出时间 t_1,与滑行器 2 发生完全非弹性碰撞后,两个滑行器向同一方向继续运动通过另一光电门后,自动测出时间 t_2,立即用手轻轻制止滑行器运动.

3) 按数字毫秒计的"停止"键,毫秒计自动显示出两个滑行器在完全非弹性碰撞前后通过光电门的相对应的时间 t_1, t_2,速度 v, v'.

4) 改变碰撞时的速度,重复上述内容五次.

5) 用天平分别称出两个滑行器的质量 m_1 和 m_2,将数据记入表中,验证碰撞前后的动量是否守恒.

2. 验证机械能守恒定律

(1) 调整两个光电门的位置,使其相距 s,将装有 U 形挡光板的滑行器置于导轨上,仔细检查、调整,使导轨严格成水平状态.

(2) 用一个垫块垫在导轨的单脚螺钉上,使导轨与水平方向夹角为 α_1.毫秒计功能选择在"S_2"挡,把滑行器从导轨高端的某一位置静止下滑,经过第 2 个光电门后,立即用手轻轻制止滑行器运动.

(3) 按数字毫秒计的"停止"键,毫秒计会自动显示出滑行器经过两个光电门的相对应的时间 t_1, t_2,速度 v_1, v_2.

(4) 逐次增加垫块的高度(4 次),重复上述操作.

(5) 用天平测出滑行器的质量 m,用游标卡尺测出垫块的厚度 Δh,用米尺测出 l.将数据记入表中,验证机械能守恒定律.

【注意事项】

1. 勿损伤导轨,未通气时不允许将滑块放在导轨上滑动,以免磨损降低精度,滑块最忌跌落.
2. 碰撞应为对心碰撞,碰撞前后滑块均不应有左右晃动现象.
3. 要减小误差,导轨一定尽可能调至水平.验证动量守恒定律时,两光电门距离小些,滑行器 2 尽可能靠近第二个光电门.
4. 碰撞时滑行器的速度要适当(50 cm/s 左右).

【思考讨论】

1. 若实验结果表明,两滑块在碰撞前后总动量有差别,试分析其原因.
2. 从两滑块弹性碰撞的实验数据中取出一组,验证碰撞前后机械能是否守恒,并分析原因.
3. 实验前为什么应将气垫导轨调至水平?

实验 3.6　刚体转动实验

赛跑

转动惯量是刚体转动时惯性大小的量度,是表明刚体特性的一个物理量,它与刚体的质量分布和转轴的位置有关.对于质量分布均匀、外形不复杂的刚体,测出其外形尺寸及质量,就可以计算出其转动惯量;而对于外形复杂、质量分布不均匀的刚体,其转动惯量就难以计算,通常利用转动实验来测定.本实验使物体做扭转摆动,通过测定摆动周期及其他参量来计算物体的转动惯量.

【实验目的】

1. 用扭摆测定不同形状物体的转动惯量和弹簧的扭转系数.
2. 验证转动惯量平行轴定理.

【实验原理】

扭摆的结构如图 3.6.1 所示,在垂直轴 A 上装有一根薄片状的螺旋弹簧 C,用以产生恢复力矩.在轴的上方可以装上各种待测物体.垂直轴与底座 D 间装有轴承,以降低摩擦力矩.B 为水平仪(水准泡),通过调节平衡螺钉 E 来调整系统水平.

将物体在水平面内转过一定角度 θ 后,在弹簧恢复力矩作用下物体就开始绕垂直轴做往返扭转运动.根据胡克定律,弹簧受扭转而产生的恢复力矩 M 与所转过的角度 θ 成正比,即:

$$M = -K\theta \qquad (3.6.1)$$

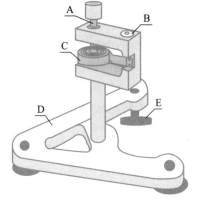

图 3.6.1　扭摆结构

式中,K 为弹簧的扭转系数,根据转动定律 $M = J\alpha$,式中,J 为物体绕转轴的转动惯量,α 为角加速度,由此得

$$\alpha = \frac{M}{J} \tag{3.6.2}$$

令 $\omega^2 = \frac{K}{J}$,忽略轴承的摩擦阻力矩,由(3.6.1)式、(3.6.2)式得

$$\alpha = \frac{\mathrm{d}^2\theta}{\mathrm{d}t^2} = -\frac{K}{J}\theta = -\omega^2\theta$$

上述方程表示扭摆运动具有角简谐振动的特性,角加速度与角位移成正比,且方向相反.此方程的解为 $\theta = A\cos(\omega t + \varphi)$,式中,$A$ 为简谐振动的角振幅,φ 为初相位角,ω 为角速度,此简谐振动的周期为

$$T = \frac{2\pi}{\omega} = 2\pi\sqrt{\frac{J}{K}} \tag{3.6.3}$$

由式(3.6.3)可知,只要实验测得物体做扭摆运动的摆动周期,并在 J 和 K 中任何一个量已知时即可计算出另一个量.

本实验用一个几何形状规则的物体,它的转动惯量可以根据它的质量和几何尺寸用理论公式直接计算得到,再算出本仪器弹簧的扭转系数 K 的值.若要测定其他形状物体的转动惯量,只需将待测物体安放在仪器顶部的各种夹具上,测定其摆动周期,由(3.6.3)式即可算出该物体绕转动轴的转动惯量.

理论分析证明,若质量为 m 的物体绕通过质心轴的转动惯量为 J_0,当转轴平行移动距离 d 时,则此物体对新轴线的转动惯量变为 $J_0 + md^2$.这称为转动惯量的平行轴定理.

【实验仪器】

1. 扭摆及几种规则的待测转动惯量的物体

空心金属圆筒,实心塑料圆柱,木球,验证转动惯量平行轴定理用的金属细杆,杆上有两块可以自由移动的金属滑块.

2. 转动惯量测试仪(通用计数器)

由通用计数器和光电传感器(光电门)两部分组成.

通用计数器用于测量物体转动和摆动的周期,能自动记录、存储多组实验数据并能够精确地计算实验数据的平均值.该通用计数器采用液晶显示器,带菜单操作功能,可以用于进行瞬时速度测量、脉宽测量、自由落体运动以及秒表功能等实验.

光电传感器主要由激光器和光电接收管组成,将光信号转换为脉冲电信号,送入计数.激光光电门采用高速光电二极管,响应速度快,测试准确度可以达到 μs 级.

【实验内容】

1. 用游标卡尺和卷尺分别测出实心塑料圆柱的外径 D_1、空心金属圆筒的内外径 $D_内$ 和 $D_外$、木球直径 D_3、两滑块的内外径 $D_内$ 和 $D_外$、金属细杆长度 L;用数字式电子秤测出塑料圆柱质量 m_1、金属圆筒质量 m_2、木球质量 m_3、金属细杆质量 m_4 以及单个滑块质量 m_5(各测量 3

次求平均值).

2. 调整扭摆底脚螺钉,使水平仪的气泡位于中心.

3. 在扭摆转轴上装上金属载物圆盘,并调整光电传感器的位置使载物圆盘上的挡光杆处于其开口中央且能遮挡激光信号,并能自由往返地通过光电门.测量 10 个摆动周期所需要的时间 $10T_0$,如图 3.6.2 所示,测定载物圆盘的转动惯量 J_0.

4. 测定塑料圆柱、金属圆筒、木球与金属细杆的转动惯量.并与理论值比较,求百分误差.

(1) 将转动惯量为 J_1(转动惯量 J_1 的数值可由塑料圆柱的质量 m_1 和外径 D_1 算出,即 $J_1 = \frac{1}{8}mD_1^2$)的塑料圆柱放在金属载物圆盘上,则总的转动惯量为 J_0+J_1,测量 10 个摆动周期所需要的时间 $10T_1$,计算出扭摆的扭转系数(弹簧的扭转系数)K.

由(3.6.3)式可得出 $\dfrac{T_0}{T_1} = \dfrac{\sqrt{J_0}}{\sqrt{J_0+J_1}}$ 或 $\dfrac{J_0}{J_1} = \dfrac{T_0^2}{T_1^2-T_0^2}$,则弹簧的扭转系数

$$K = 4\pi^2 \frac{J_1}{\overline{T_1^2}-\overline{T_0^2}} \tag{3.6.4}$$

式中 $\overline{T}_1,\overline{T}_0$ 分别是相应物体摆动 10 个周期的平均值,在各物理量取国际单位制单位时 K 的单位为 $\mathrm{kg \cdot m^2 \cdot s^{-2}}$(或 $\mathrm{N \cdot m}$).

(2) 取下塑料圆柱,装上金属圆筒,测量 10 个摆动周期需要的时间 $10T_2$.

(3) 取下金属载物圆盘、装上木球,测量 10 个摆动周期需要的时间 $10T_3$.(在计算木球的转动惯量时,应扣除支座的转动惯量 $J_{支座}$.)

(4) 取下木球,装上金属细杆,使金属细杆中央的凹槽对准夹具上的固定螺丝,并保持水平.测量 10 个摆动周期需要的时间 $10T_4$.(在计算金属细杆的转动惯量时,应扣除夹具的转动惯量 $J_{夹具}$.)

5. 验证转动惯量平衡轴定理.

将金属滑块对称放置在金属细杆两边的凹槽内,如图 3.6.3 所示,此时滑块质心与转轴的距离 x 分别为 5.00 cm,10.00 cm,15.00 cm,20.00 cm,25.00 cm,测量对应于不同距离时的 5 个摆动周期所需要的时间 $5T$.验证转动惯量平行轴定理.(在计算转动惯量时,应扣除夹具的转动惯量 $J_{夹具}$.)

图 3.6.2　载物圆盘转动惯量测试

图 3.6.3　平行轴定理验证测试

【数据处理】

1. 弹簧扭转系数 K 和各物体转动惯量 J 的确定,数据记录见表 3.6.1—表 3.6.6,弹簧扭转系数

$$K = 4\pi^2 \frac{J_1}{\overline{T}_1^2 - \overline{T}_0^2}$$

表 3.6.1　金属载物圆盘转动惯量数据记录表

摆动周期/s		转动惯量实验值 $J_0/(10^{-4}\ \text{kg}\cdot\text{m}^2)$	弹簧扭转系数/$(\text{N}\cdot\text{m})$
$10T_0$		$J_0 = \dfrac{\overline{T}_0^2 J_1}{\overline{T}_1^2 - \overline{T}_0^2} = K\dfrac{\overline{T}_0^2}{4\pi^2}$	$K = 4\pi^2 \dfrac{J_1}{\overline{T}_1^2 - \overline{T}_0^2}$
$\overline{T}_0$			

表 3.6.2　塑料圆柱转动惯量数据记录表

质量/kg		直径 $D_1/(10^{-2}\ \text{m})$		摆动周期 T_1/s	
m_1		D_1		$10T_1$	
$\overline{m}_1$		$\overline{D}_1$		$\overline{T}_1$	
转动惯量理论值 $J_1/(10^{-4}\ \text{kg}\cdot\text{m}^2)$			$J_1 = \dfrac{1}{8}\overline{m}_1 \overline{D}_1^2$		
转动惯量实验值 $J_1'/(10^{-4}\ \text{kg}\cdot\text{m}^2)$			$J_1' = \dfrac{K\overline{T}_1^2}{4\pi^2} - J_0$		
误差 E_0			$E_0 = \dfrac{J_1 - J_1'}{J_1} \times 100\%$		

表 3.6.3 金属圆筒转动惯量数据记录表

质量 m_2/kg	外径 $D_外$/(10^{-2} m)	内径 $D_内$/(10^{-2} m)	摆动周期 T_2/s
m_2	$D_外$	$D_内$	$10T_2$
$\overline{m}_2$	$\overline{D}_外$	$\overline{D}_内$	$\overline{T}_2$
转动惯量理论值 J_2/(10^{-4} kg·m²)		$J_2 = \dfrac{1}{8}\overline{m}_2(\overline{D}_外^2 + \overline{D}_内^2)$	
转动惯量实验值 J_2'/(10^{-4} kg·m²)		$J_2' = \dfrac{K\overline{T}_2^2}{4\pi^2} - J_0$	
误差 E_0		$E_0 = \dfrac{J_2 - J_2'}{J_2} \times 100\%$	

表 3.6.4 木球转动惯量数据记录表

质量 m_3/kg	直径 D_3/(10^{-2} m)	摆动周期 T_3/s
m_3	D_3	$10T_3$
$\overline{m}_3$	$\overline{D}_3$	$\overline{T}_3$
转动惯量理论值 J_3/(10^{-4} kg·m²)		$J_3 = \dfrac{1}{10}\overline{m}_3\overline{D}_3^2$
转动惯量实验值 J_3'/(10^{-4} kg·m²)		$J_3' = \dfrac{K}{4\pi^2}\overline{T}_3^2 - J_支座$
误差 E_0		$E_0 = \dfrac{J_3 - J_3'}{J_3} \times 100\%$

表 3.6.5　金属细杆转动惯量数据记录表

质量 m_4/kg		长度 L/(10^{-2} m)		摆动周期 T_4/s	
m_4		L		$10T_4$	
$\overline{m}_4$		$\overline{L}$		$\overline{T}_4$	
转动惯量理论值 J_4/(10^{-4} kg·m²)			$J_4 = \dfrac{1}{12}\overline{m}_4\overline{L}^2$		
转动惯量实验值 J'_4/(10^{-4} kg·m²)			$J'_4 = \dfrac{K}{4\pi^2}\overline{T}_4^2 - J_{夹具}$		
误差 E_0			$E_0 = \dfrac{J_4 - J'_4}{J_4} \times 100\%$		

表 3.6.6　两滑块转动惯量数据记录表

质量 m_5/kg	外径 $D_外$/(10^{-2} m)	内径 $D_内$/(10^{-2} m)	滑块长度 L/(10^{-2} m)	摆动周期 T_5/s
m_5	$D_外$	$D_内$	L	$5T_5$
$\overline{m}_5$	$\overline{D}_外$	$\overline{D}_内$	$\overline{L}$	$\overline{T}_5$
两滑块绕通过滑块质心转轴的转动惯量理论值 J_5/(10^{-4} kg·m²)			$J_5 = 2\left[\dfrac{1}{8}\overline{m}_5(\overline{D}_外^2 + \overline{D}_内^2)\right]$	
转动惯量实验值 J'_5/(10^{-4} kg·m²)			$J'_5 = 2\left(\dfrac{K\overline{T}_5^2}{4\pi^2} - J_0\right)$	
误差 E_0			$E_0 = \dfrac{J_5 - J'_5}{J_5} \times 100\%$	

备注：T_5 为圆盘上加一只滑块的摆动周期，J_0 为圆盘转动惯量.

51

2.转动惯量平行轴定理的验证,数据记录表见表 3.6.7.

表 3.6.7　金属细杆上加对称滑块转动惯量数据记录表(平行轴定理的验证)

$x/(10^{-2}$ m)	5.00	10.00	15.00	20.00	25.00
摆动周期 5T/s					
$\overline{T}$/s					
实验值 $J'/(10^{-4}$ kg·m^2)	$J'=\dfrac{K}{4\pi^2}\overline{T}^2$				
理论值 $J/(10^{-4}$ kg·m^2)	$J=J_4+J_5+2\overline{m}_5x^2$				
误差 E_0	$E_0=\dfrac{J-J'}{J}\times100\%$				

💡【注意事项】

1. 弹簧的扭转系数 K 值不是固定常量,它与摆动角度略有关系,摆角在 90°左右基本相同,在小角度时变小.

2. 不可随意玩弄弹簧,为降低摆动角度变化过大带来的系统误差,在测定各种物体的摆动周期时,应选择合适的摆角和摆幅.

3. 光电传感器(光电门)与待测物体挡光棒之间的相对位置要合适.

4. 机座应保持水平状态.

5. 安装待测物体时,其支架必须全部套入扭摆主轴,并紧固.

6. 在称木球与金属细杆的质量时,必须分别将支座和夹具取下.

💬【思考讨论】

1. 物体的转动惯量与哪些因素有关?

2. 摆角的大小是否会影响摆动周期? 如何确定摆角的大小?

实验 3.7　受迫振动与共振实验研究

机械振动是指具有振荡特性的机械运动,即系统在某一位置(通常是静平衡位置,简称平衡位置)附近的有限范围内做的往复运动.在工程技术领域,振动的特性也被广泛研究和应用.振动力学作为动力学的分支,主要研究振动的原理和各个类型振动的特性.受迫振动导致的共振现象是自然界中非常普遍和重要的现象,在工程和科学研究中经常见到,尤其是在机械制造和建筑工程等领域中,受迫振动所导致的共振现象引起人们的极大关注.本实验利用波尔共振仪测定系统的阻尼系数,研究受迫振动的幅频特性和相频特性.

【实验目的】

1. 研究波尔共振仪中弹性摆轮受迫振动的幅频特性和相频特性.
2. 研究不同阻尼力矩对受迫振动的影响,观察共振现象.
3. 学习用频闪法测定运动物体的某些量,例如相位差.
4. 学习系统误差的修正.

弹簧振子
的振动

【实验原理】

1. 自由振动与阻尼振动

单自由度振动系统通常包括一个定向振动的物体,连接振动物体的弹性元件(如:弹性系数为 k 的弹簧),以及运动中的阻尼这三个基本要素.实际的机械振动系统是复杂的,分析和计算中应该抓住主要因素,忽略次要因素,从而将实际系统简化和抽象为动力学模型,研究系统的动态特征和外部激励等.单自由度无阻尼自由振动是指物体受到初始激励作用之后,不再受到外界的力或力矩作用的振动.自由振动一般指弹性系统偏离平衡状态后,在没有外界作用下发生的周期性振动,实验中简称为自由振动.如果物体振动过程中有黏性阻尼的存在,则为单自由度有黏性阻尼的振动,实验中简称为阻尼振动.

本实验中,由铜质圆形摆轮在涡卷弹簧提供的恢复力矩的作用下,可绕转轴往复摆动.在摆动过程中,摆轮如果只受到与角位移 θ 成正比、方向指向平衡位置的弹性恢复力矩的作用,则为自由振动.根据转动规律,摆轮做自由振动的运动方程为

$$J \frac{\mathrm{d}^2\theta}{\mathrm{d}t^2} = -k\theta \tag{3.7.1}$$

式中,J 为摆轮的转动惯量,$-k\theta$ 为弹性力矩,k 为扭转系数.

真实的实验过程中,存在与角速度 $\mathrm{d}\theta/\mathrm{d}t$ 成正比、方向与摆轮运动方向相反的空气阻尼力矩的作用.由于空气阻尼力矩较小,相应的阻尼系数值比后续电磁阻尼振动的阻尼系数值要低一个数量级,摆轮振幅衰减缓慢.因而,实验中可近似地将此小阻尼振动视为自由振动.

在摆轮的下方左右两侧放置有两个带铁芯的线圈,当线圈中通有励磁电流时,线圈之间及附近空间中形成磁场,摆轮往复摆动时受到电磁阻尼力矩的作用,即为阻尼振动.通过调节励磁电流,可以改变阻尼力矩和阻尼系数的值.

设 b 为电磁阻尼力矩系数,则摆轮作阻尼振动的运动方程为

$$J \frac{\mathrm{d}^2\theta}{\mathrm{d}t^2} = -k\theta - b\frac{\mathrm{d}\theta}{\mathrm{d}t} \tag{3.7.2}$$

令 $\omega_0^2 = k/J$,$2\beta = b/J$,则(3.7.2)式为

$$\frac{\mathrm{d}^2\theta}{\mathrm{d}t^2} + 2\beta\frac{\mathrm{d}\theta}{\mathrm{d}t} + \omega_0^2\theta = 0 \tag{3.7.3}$$

实验中,可以采用对数逐差法计算阻尼系数 β.

2. 受迫振动

单自由度受周期性的外力作用的阻尼振动,实验中简称为受迫振动,是指物体在周期外力的

持续作用下发生的振动,这种周期性的外力称为驱动力.如果驱动力是按简谐振动规律变化,那么稳定状态时的受迫振动也是简谐振动,其振动频率与驱动力频率相同.此时,振幅保持恒定,振幅的大小与驱动力的频率,原振动系统小阻尼时的固有振动频率以及阻尼系数有关.

在受迫振动状态下,系统除了受到驱动力的作用外,同时还受到恢复力和阻力的作用.所以在稳定状态时物体的位移、速度变化与驱动力变化不是同相位的,存在相位差.当驱动力频率与系统的固有频率相同时产生共振,此时振幅最大,相位差为90°.

本实验中,由铜质圆形摆轮在涡卷弹簧提供的恢复力矩的作用下,可绕转轴往复摆动.摆轮在摆动过程中受到与角位移 θ 成正比、方向指向平衡位置的弹性恢复力矩的作用;与角速度 $\mathrm{d}\theta/\mathrm{d}t$ 成正比、方向与摆轮运动方向相反的阻力矩的作用;以及按简谐规律变化的驱动力矩 $M_0\cos\omega t$ 的作用.根据转动规律,可列出摆轮的运动方程:

$$J\frac{\mathrm{d}^2\theta}{\mathrm{d}t^2}=-k\theta-b\frac{\mathrm{d}\theta}{\mathrm{d}t}+M_0\cos\omega t \tag{3.7.4}$$

式中,J 为摆轮的转动惯量,$-k\theta$ 为弹性力矩,k 为扭转系数,b 为电磁阻力矩系数,M_0 为驱动力矩的幅值,ω 为驱动力的圆频率.

令 $\omega_0^2=\dfrac{k}{J}$,$2\beta=\dfrac{b}{J}$,$m=\dfrac{M_0}{J}$,则(3.7.4)式变为

$$\frac{\mathrm{d}^2\theta}{\mathrm{d}t^2}+2\beta\frac{\mathrm{d}\theta}{\mathrm{d}t}+\omega_0^2\theta=m\cos\omega t \tag{3.7.5}$$

当驱动力为零,即(3.7.5)式等号右边为零时,(3.7.5)式就变为二阶常系数线性齐次微分方程,根据微分方程的相关理论,当 ω_0 远大于 β 时,其解为

$$\theta=\theta_1\mathrm{e}^{-\beta t}\cos(\omega_1 t+\alpha) \tag{3.7.6}$$

此时摆轮做阻尼振动,振幅 $\theta_1\mathrm{e}^{-\beta t}$ 随时间 t 衰减,振动频率为

$$\omega_1=\sqrt{\omega_0^2-\beta^2} \tag{3.7.7}$$

式中,ω_0 称为系统的固有频率,β 为阻尼系数.当 β 也为零时,摆轮以频率 ω_0 做简谐振动.

当驱动力不为零时,(3.7.5)式为二阶常系数线性非齐次微分方程,其解为

$$\theta=\theta_1\mathrm{e}^{-\beta t}\cos(\omega_1 t+\alpha)+\theta_2\cos(\omega t+\varphi) \tag{3.7.8}$$

式中,第一部分表示阻尼振动,经过一段时间后衰减消失;第二部分为稳态解,说明振动系统在驱动力作用下,经过一段时间后即可达到稳定的振动状态.如果驱动力是按简谐振动规律变化,那么物体在稳定状态时的运动也是与驱动力同频率的简谐振动,具有稳定的振幅 θ_2,并与驱动力之间有一个确定的相位差 φ.

将 $\theta=\theta_2\cos(\omega t+\varphi)$ 代入(3.7.5)式,要使方程在任何时间 t 恒成立,θ_2 与 φ 需满足一定的条件,由此解得稳定受迫振动的幅频特性及相频特性表达式为

$$\theta_2=\frac{m}{\sqrt{(\omega_0^2-\omega^2)^2+4\beta^2\omega^2}} \tag{3.7.9}$$

$$\varphi=\arctan\frac{-2\beta\omega}{\omega_0^2-\omega^2}=\arctan\frac{-\beta T_0^2 T}{\pi(T^2-T_0^2)} \tag{3.7.10}$$

由(3.7.9)式和(3.7.10)式可以看出,在稳定状态时振幅和相位差保持恒定,振幅 θ_2 与相位差 φ 的数值取决于 β、ω_0、m 和 ω,也取决于 J、b、k、M_0,而与振动的起始状态无关.当驱动力的频率 ω 与

系统的固有频率 ω_0 相同时,相位差为 $-90°$.

由于受到阻尼力的作用,受迫振动的相位总是滞后于驱动力的相位,即(3.7.10)式中的 φ 应为负值,而反正切函数的取值范围为 $(-90°,90°)$,当由(3.7.10)式计算得出的角度数值为正时,应减去 $180°$ 将其换算成负值.

图 3.7.1 和图 3.7.2 分别表示了在取不同的阻尼系数 β 时,达到稳定状态的受迫振动的幅频特性曲线和相频特性曲线.

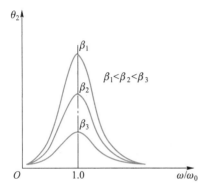

图 3.7.1　受迫振动的幅频特性

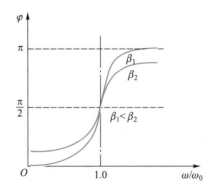

图 3.7.2　受迫振动的相频特性

共振摆

由(3.7.9)式,将 θ_2 对 ω 求极值可得出:当驱动力的圆频率 $\omega=\sqrt{\omega_0^2-2\beta^2}$ 时,θ_2 有极大值,产生共振.若共振时圆频率和振幅分别用 ω_r、θ_r 表示,则有

$$\omega_r=\sqrt{\omega_0^2-2\beta^2} \tag{3.7.11}$$

$$\theta_r=\frac{m}{2\beta\sqrt{\omega_0^2-\beta^2}} \tag{3.7.12}$$

将(3.7.10)式代入(3.7.9)式,得到共振时的相位差为

$$\varphi_r=\arctan\frac{-\sqrt{\omega_0^2-2\beta^2}}{\beta} \tag{3.7.13}$$

(3.7.11)式、(3.7.12)式、(3.7.13)式表明,阻尼系数 β 越小,共振时的圆频率 ω_r 越接近系统的固有频率 ω_0,振幅 θ_r 越大,共振时的相位差越接近 $-90°$.

由图 3.7.1 可见,β 越小,θ_r 越大,θ_2 随 ω 偏离 ω_0 而衰减得越快,幅频特性曲线越陡峭.在峰值附近,$\omega\approx\omega_0$,$\omega_0^2-\omega^2\approx2\omega_0(\omega_0-\omega)$,而(3.7.9)式可近似表达为

$$\theta_2\approx\frac{m}{2\omega_0\sqrt{(\omega_0-\omega)^2+\beta^2}} \tag{3.7.14}$$

由上式可见,当 $|\omega_0-\omega|=\beta$ 时,振幅降为峰值的 $1/\sqrt{2}$,根据幅频特性曲线的相应点可确定 β 的值,即为作图法求得阻尼系数 β.对于由作图法和对数逐差法这两种方法得到的阻尼系数 β 的值,可以进行比较和分析.

【实验仪器】

波尔共振仪.

【实验内容】

1. 测定阻尼系数

将阻尼选择开关拨向实验时位置(通常选取"2"或"1"处),此开关位置选定后,在实验过程中不能任意改变,也不能将整机电源切断,否则,由于电磁剩磁现象将引起 β 值变化,只有在某一阻尼系数 β 的所有实验数据测试完毕,要改变 β 值时才可以拨动此开关.

从振幅显示窗读出摆轮做阻尼振动时的振幅数值 $\theta_0, \theta_1, \theta_2, \cdots, \theta_n$,利用公式

$$\ln \frac{\theta_0 \mathrm{e}^{-\beta t}}{\theta_0 \mathrm{e}^{-\beta(t+nT)}} = n\beta T = \ln \frac{\theta_0}{\theta_n} \tag{3.7.15}$$

求出 β 值.式中 n 为周期次数,T 为阻尼振动周期的平均值.进行本实验内容时,电机电源必须切断,指针放在 $0°$ 位置,θ_0 通常选取在 $130°\sim150°$ 之间.

2. 测定受迫振动的幅频特性和相频特性

保持阻尼选择开关在原位置,改变电动机的转速,即改变驱动力矩频率 ω,当受迫振动稳定后,读取摆轮的振幅值,并利用闪光灯测定受迫振动位移与驱动力间的相位差($\Delta\varphi$ 控制在 $10°$ 左右).

驱动力矩的频率可从摆轮振动周期算出,也可以将周期开关拨向"10"处,直接测定驱动力矩的 10 个周期后算出,在达到稳态时两数值应相同.前者为 4 位有效数字,后者为 5 位有效数字.

在共振点附近由于曲线变化较大,因此测量数据要相对密集些,此时电机转速极小的变化会引起 $\Delta\varphi$ 很大的变化.电机转速旋钮上的读数是一参考数值,建议在不同 ω 时都要记下此值,以便实验中要重新测量时参考.

 【数据处理】

表 3.7.1 测定阻尼系数

序号 i	振幅 $\theta_i/(°)$	振幅 $\theta_{i+5}/(°)$	$\ln(\theta_i/\theta_{i+5})$	结果 β/s^{-1}
1				
2				
...				

$$10T = \underline{\qquad}, \quad \overline{T} = \underline{\qquad}, \quad \overline{\beta} = \underline{\qquad}$$

表 3.7.2 幅频特性和相频特性测量数据

电机转速刻度盘值	驱动力矩周期 T/s	振幅 $\theta/(°)$	固有周期 T_0/s	$\varphi/(°)$	φ 的计算值 $\arctan\dfrac{\beta T_0^2 T}{\pi(T^2-T_0^2)}/(°)$	$\dfrac{\omega}{\omega_0}=\dfrac{T_0}{T}$
...						

【注意事项】

1. 电器控制箱应预热 10～15 分钟.

2. 波尔共振仪各部均是精确装配,不能随意乱动.控制箱功能与面板上旋钮、按键均较多,务必在弄清其功能后,按规则操作.

【思考讨论】

1. 测定阻尼系数时,阻尼选择开关的位置一旦确定为何不能任意改变?

2. 测定受迫振动的幅频特性和相频特性时,为什么受迫振动系统要达到稳定状态?

实验 3.8 冰的熔化热的测定

量热实验中我们主要学习物质比热容、汽化热、熔化热以及热功当量的测定.量热实验具有广泛的应用,特别是在新能源新材料的研制中,量热学的方法是必不可缺的.在量热实验中,由于散热的因素多且不易控制和测量,实验精度往往较低.为了做好实验,需要分析产生误差的各种因素,找出减少误差的方法,这些过程都有利于实验能力的提高.

【实验目的】

1. 了解热学实验中的基本问题——量热和计温.

2. 了解粗略修正散热的方法.

3. 学习进行合理的实验安排和参量选择的方法.

【实验原理】

1. 一般概念

一定压强下晶体物质熔化时的温度,也就是该物质的固态和液态可以平衡共存的温度,称为该晶体物质在此压强下的熔点.单位质量的晶体物质在熔点时从固态全部变成液态所需的热量,称为该晶体物质的熔化热.

本实验用混合量热法来测定冰的熔化热.它的基本做法是:把待测的系统 A 和一个已知其热容的系统 B 混合起来,并设法使它们形成一个与外界没有热量交换的孤立系统 C(C＝A＋B).这样 A(或 B)所放出的热量,全部为 B(或 A)所吸收.因为已知热容的系统在实验过程中所传递的热量 Q 可以由其温度的改变 dT 和热容 C 计算出来,即 $Q＝CdT$,因此,待测系统在实验过程中所传递的热量也就知道了.

由此可见,保持系统为孤立系统是混合量热法所要求的基本实验条件,这要从仪器装置、测量方法以及实验操作等各方面去保证.如果实验过程中系统与外界的热交换不能忽略,就要进行散热或吸热修正.

温度是热学中的一个基本物理量,量热实验中必须测量温度.一个系统的温度,只有在平衡态时才有意义,因此测温时必须使系统各处温度达到均匀.用温度计的指示值代表系统温度,还必须使系统与温度计之间达到热平衡.

2. 装置简介

为了使实验系统(包括待测系统与已知其热容的系统)成为一个孤立系统,我们采用量热器.因为传递热的方式有三种:传导、对流和辐射,所以,必须使实验系统与环境之间的传导、对流和辐射都尽量减少,量热器可以满足这样的要求.

量热器的种类很多,因测量的目的、要求、测量精度的不同而异.最简单的一种如图 3.8.1 所示,由良导体做成的内筒置于一个较大的外筒中组成.通常在内筒中放水、温度计及搅拌器,这些东西(内筒、温度计、搅拌器及水)连同放进的待测物体就构成了我们所考虑的(进行实验的)系统.内筒、水、温度计和搅拌器的热容是可以计算出来或实测得到的,因此根据前述的混合量热法就可以进行量热实验了.

量热器中内筒置于一绝热架上,外筒用绝热盖盖住,因此筒内的空气与外界对流很小.又因空气是不良导体,所以内、外筒间借传导方式传递的热量便可以减至很小.同时由于内筒的外壁及外筒的内外壁都电

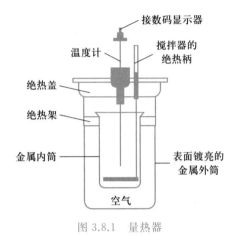

图 3.8.1　量热器

镀得十分光亮,使得它们发射或吸收辐射热的本领变得很小,于是我们进行实验的系统和环境之间因辐射而产生的热量传递也可以很小.这样的量热器已经可以使实验系统粗略地近似于一个孤立系统了.

3. 实验原理

如果把质量为 $m_冰$、温度为 $0℃$ 的冰和质量为 $m_水$、温度为 T_1 的水在量热器内筒里混合,使冰全部熔化并达到热平衡的温度 T_2.在这个过程中,冰必然吸收热量,才能使它由冰熔化为水,并在熔化成水后,温度由 $0℃$ 上升到 T_2;同时,量热器和它所装的水失去了热量,温度由 T_1 下降到 T_2.假定这个过程是在与外界绝热的孤立系统中进行的,根据热平衡原理及能量守恒定律可知,冰熔化并上升到 T_2 所吸收的热量应等于量热器和它所装的水失去的热量.

设冰的熔化热为 λ,水的比热容为 c,量热器内筒与搅拌器的质量为 m_1,比热容为 c_1,则冰吸收的热量为

$$Q_1 = m_冰 \lambda + m_冰 c T_2 \tag{3.8.1}$$

量热器内筒,搅拌器和水放出的热量为

$$Q_2 = (m_水 c + m_1 c_1)(T_1 - T_2) \tag{3.8.2}$$

由热平衡方程 $Q_1 = Q_2$ 得

$$m_冰 \lambda + m_冰 c T_2 = (m_水 c + m_1 c_1)(T_1 - T_2) \tag{3.8.3}$$

所以,

$$\lambda = \frac{(m_水 c + m_1 c_1)(T_1 - T_2)}{m_冰} - c T_2 \tag{3.8.4}$$

为了尽可能使系统与外界交换的热量达到最小,除了使用量热器外,在实验中的操作过程也必须予以注意,例如不应直接用手去握量热器的任何部分,不应在阳光的直接照射下或空气流动太快的地方进行实验等.此外,系统与外界温度差越大,在他们之间传递热量越快,时间越长,传

递的热量就越多,因此在进行实验时,要尽可能使系统与外界温度相差较小,并尽量使实验过程进行得迅速.

尽管我们注意到上述的各个方面,但除非系统与环境的温度时时刻刻完全相同,否则就不可能完全达到绝热要求,因此,在做精密测量时,就需要采用一些办法对系统进行散热修正.在系统与环境温度差不大时,这种修正是根据牛顿冷却定律来确定的.在实验中,刚投入冰块时,水的温度高,冰的有效面积大,熔化快,因而水温降低快;随后冰块变小,水温逐渐降低,冰熔化变慢.量热器中水的温度随时间的变化曲线如图 3.8.2 所示.

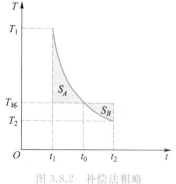

图 3.8.2 补偿法粗略
修正散热示意图

由牛顿冷却定律:

$$\frac{\mathrm{d}Q}{\mathrm{d}t} = k(T - T_环) \tag{3.8.5}$$

式中 k 为系统的散热系数,$T_环$ 为环境温度,系统向外界散失的热量与面积 S_A 成正比,系统由外界吸收的热量与面积 S_B 成正比,只要 $S_A = S_B$,就能进行散热修正,究竟 T_1、T_2 应取多少为宜,要在实验中根据具体情况而定.

如果系统对外界的吸收和散热不能互相抵消,则要用外推法求出 T_1 和 T_2 的修正值 T_1' 和 T_2',用(3.8.6)式求出冰的熔化热:

$$\lambda = \frac{(m_水 c + m_1 c_1)(T_1' - T_2')}{m_冰} - c T_2' \tag{3.8.6}$$

 【实验仪器】

量热器,电子天平,温度计,玻璃皿,冰,秒表,干拭布等.

【实验内容】

1. 称出量热器内筒和搅拌器的质量.

2. 内筒注入约占内筒容积的 1/2 的蒸馏水,并称出其质量.

3. 将内筒装于外筒内,插好温度计和搅拌器,记下初始温度.

4. 取一块冰用吸水纸擦干,小心地将冰迅速投入内筒,不断搅拌,观察温度计示数变化,记录系统最低温度值.

5. 用量筒测出温度计被水浸没的体积,并测出总质量,求得冰的质量.

6. 查出量热器内筒(铜)和水的比热容,将测得数据代入公式,求出冰的熔化热,重复一次求平均值.

【注意事项】

1. 不要用手握住外筒,实验过程要尽量缩短.

2. 温度计易折,易破碎,要轻拿轻放.

3. 投放冰块时要迅速、仔细,不要将水溅出来.

【思考讨论】

1. 水的初始温度选得太高或太低有什么不好,为什么?
2. 量热器内筒装水量的多少如何考虑?过多或过少有什么不好?
3. 整个实验过程中为什么要轻轻搅拌?分别说明投冰前后搅拌的作用.用实验判断在投冰前搅拌水与不搅拌水对 T_1 影响有多大.

实验 3.9　固体比热容的测定

比热容是单位质量物质温度升高或降低 1℃ 时所吸收或放出的热量,是物体热学性质的一个特征量,属于热学的范围,每种物质处于不同温度时具有不同的比热容.物体比热容的测定对研究物质的宏观物理现象和微观结构之间的关系有重要的意义,比如确定相变、鉴定物质的纯度等.测定物体比热的方法有很多,比如冷却法、混合法、电热法、物态变化法等.

【实验目的】

1. 培养良好的实验习惯.
2. 掌握基本的量热方法——电热法.
3. 测固体的比热容.

【实验原理】

如图 3.9.1 所示,在量热器中加入质量为 m 的待测物体,并加入质量为 m_0 的水,如果加在加热器两端的电压为 U,通过电阻的电流为 I,通电时间为 t,则电流做功为

$$A = UIt \qquad (3.9.1)$$

如果这些功全部转化为热能,使量热器系统的温度从 t_1 升高至 t_2,则(3.9.2)式成立:

$$UIt = (mc + m_0 c_0 + m_1 c_1 + \omega c_0)(t_2 - t_1)$$
$$(3.9.2)$$

式中,c 为待测物的比热容,c_0 为水的比热容,m_1 为量热器内筒的质量,c_1 为量热器内筒的比热容.在测量中,除了用到的水和量热器内筒外,还会有其他诸如搅拌器、温度传感器、加热器等物质参加热交换,我们把搅拌器、加热器和温度传感器等的质量用水当量 ω 表示,ω 可以由实验室给出.

由(3.9.2)式得:

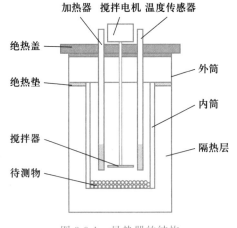

图 3.9.1　量热器的结构

$$c = [UIt/(t_2 - t_1) - m_0 c_0 - m_1 c_1 - \omega c_0]/m \qquad (3.9.3)$$

为了使系统与外界交换的热量尽可能小,在实验的操作过程中应注意以下几点:不应直接用

手去握量热器的任何部分;不应在阳光直接照射下进行实验;不应在空气流通过快的地方或在火炉、暖气旁做实验.此外,系统与外界温差越大,在它们之间传热越快;时间越长,传递的热量越多.因此在进行量热实验时,要尽可能使系统与外界的温差小些,并尽量使实验进行得快些.

 【实验仪器】

综合量热仪,电子天平,待测金属颗粒,水.

【实验内容】

1. 用天平称出不锈钢量热器内筒质量 m_1,加入一定量的水(约 130 g)后用天平称出其总质量 m',则水的质量 $m_0 = m' - m_1$.

2. 取一定量 m(约 100 g)的金属颗粒(直径 3 mm)放于量热器水中,用天平称出此时内筒质量 m_3($m = m_3 - m'$).

3. 如图 3.9.1 所示,安装好量热器装置,并将测温电缆、搅拌电缆与实验仪面板上对应电缆座连接好,打开电源开关和搅拌开关,记录系统温度 t_1.

4. 按压"显示"键切换到电压状态,按压"功能"键选择电功时间为 5 min,按"启动"开始计时,同时迅速按下加热开关,调节恒压输出至 12 V,并切换倒计时状态,到 5 min 时,关闭加热开关,电功表自动测量出 5 min 之内加热电阻所做的功 $A(UIt)$,断电后仍要继续搅拌,待温度不再升高记录其最高温度 t_2.

5. 关闭搅拌开关、电源开关,轻轻拿出温度计探头、搅拌器、加热器,将量热器内筒的水倒出,备用.

6. 重复测量 3～5 次,取平均值.

不锈钢在 25℃ 时的比热容 c_2 为 0.502 J·g^{-1}·$℃^{-1}$,水在 25℃ 时的比热容 c_1 为 4.173 J·g^{-1}·$℃^{-1}$,本量热器的水当量 $\omega = 6.68$ g.

【数据处理】

多次测量,把数据填入表 3.9.1,根据(3.9.3)式计算出相应的比热容,并求平均值,进行误差分析.

表 3.9.1

m/g	m_1/g	m_0/g	$t_1/℃$	$t_2/℃$	$A(UIt)/J$	$c/(J·g^{-1}·℃^{-1})$
					...	

【注意事项】

1. 实验前仪器需通电预热 3～5 min.

2. 热源温度不可预置太高.

3. 热交换进行很快,读数应迅速、准确.

【思考讨论】

1. 混合法的理论依据是什么？
2. 本实验中哪些因素会引起系统误差？测量时应怎样才能减小误差？

实验 3.10 空气比热容比的测定

空气的比热容比是热学中的一个基本概念,本实验用绝热膨胀法测定空气的比热容比,学习气体压力传感器和电流型集成温度传感器的原理及使用方法,了解热力学过程中的状态变化及基本物理规律.

【实验目的】

1. 用绝热膨胀法测定空气的比热容比.
2. 观测热力学过程中状态的变化及基本物理规律.
3. 学会使用标准指针式气压表对气体压强传感器进行定标.
4. 学习气体压强传感器和电流型集成温度传感器的原理及使用方法.

【实验原理】

1 mol 理想气体的摩尔定压热容 $C_{p,\mathrm{m}}$ 和摩尔定容热容 $C_{V,\mathrm{m}}$ 的关系由(3.10.1)式表示:

$$C_{p,\mathrm{m}} - C_{V,\mathrm{m}} = R \tag{3.10.1}$$

(3.10.1)式中 R 为摩尔气体常量.气体的比热容比 γ 的值为

$$\gamma = \frac{C_{p,\mathrm{m}}}{C_{V,\mathrm{m}}} \tag{3.10.2}$$

气体的比热容比 γ,又称为气体的绝热指数,是一个重要的物理量,经常出现在热力学方程中.本实验测量 γ 值的所用仪器为 FD-NCD-C 型空气比热容比测定仪,实验中用 p_0 表示环境大气压强,用 T_0 表示初始温度,用 V_2 表示贮气瓶体积.

本实验以常温常压下贮气瓶内气体为研究对象,贮气瓶与大气相通,稍后再关闭活塞,瓶内充满与周围空气等温等压的气体.用充气球向瓶内充气,充入一定量的气体.此时瓶内空气被压缩,压强增大,温度升高.等待内部气体压强稳定,且达到瓶内气体温度恒定为 T_1,此时的气体处于状态 I (p_1, V_1, T_1).因瓶内气体压强增大,T_1 不完全等于 T_0.(注:V_1 小于 V_2,此时瓶中还有研究对象以外的气体.)

贮气瓶内气体压强稳定后,迅速打开活塞,使瓶内气体与大气相通,当瓶内气体压强降至 p_0 时,立刻关闭活塞,由于放气过程较快,气体来不及与外界进行热交换,可以近似认为这是一个绝热膨胀过程.此时,气体由状态 I (p_1, V_1, T_1) 转变为状态 II (p_0, V_2, T_2).

由于瓶内气体温度 T_2 低于温度 T_1,所以瓶内气体慢慢从外界吸热,直至达到温度 T_1 为止,此时瓶内气体压强也随之增大为 p_2,如果将体积 V_2 气体全考虑在内,此时气体状态变为 III (p_2, V_2, T_1).状态 II 转变为状态 III 的过程可以认为是一个等容吸热过程.状态 I →状态 II →

状态 Ⅲ 的过程如图 3.10.1(a)、(b)所示.

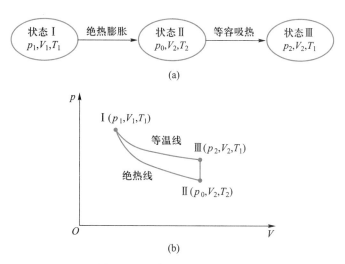

图 3.10.1　实验过程状态分析

状态 Ⅰ →状态 Ⅱ 是绝热过程,由绝热过程方程得

$$\left(\frac{p_1}{p_0}\right)^{\gamma-1}=\left(\frac{T_0}{T_1}\right)^{\gamma} \tag{3.10.3}$$

状态 Ⅱ 和状态 Ⅲ 气体的体积不变,由查理定律得

$$\frac{p_2}{p_0}=\frac{T_0}{T_1} \tag{3.10.4}$$

把(3.10.4)式代入(3.10.3)式,消去 T_1、T_0 得

$$\gamma=\frac{\ln p_1/p_0}{\ln p_1/p_2} \tag{3.10.5}$$

由(3.10.5)式可以看出,只要测得 p_0、p_1、p_2 就可求得空气的比热容比 γ 的值.

【实验仪器】

FD－NCD－C 型空气比热容比测定仪.

【实验内容】

1. 组装好仪器,开启电源,预热 5～10 分钟.打开活塞,使用调零电位器,将三位半数字电压表示值调零,用气压计测定大气压强 p_0.

2. 关闭活塞,向瓶内缓缓充入空气,仔细观测气压表指针,记录气压表指示分别为 2、3、4、5、6、7 和 8 kPa 时压强传感器输出的电压值,作传感器输出电压 U 与压强 p' 之间关系图,由直线斜率求出压强传感器灵敏度.

3. 打开活塞,将贮气瓶中的气体排尽(此时如果压强传感器输出值偏离零点,再调节调零电位器使其归零),在环境中静置一段时间,待温度稳定后,关闭活塞.用充气球将空气缓缓地充入贮气瓶内,用压强传感器和 AD590 温度传感器测量空气的压强和温度,当瓶内压强及温度稳定

63

时,记录压强传感器的示数 U_1 和瓶内气体的温度 T_1' 的值.

4. 突然打开活塞,当贮气瓶内压强即将达到大气压强 p_0 时,迅速关闭活塞,这时瓶内空气温度下降至 T_2.

5. 由于瓶内气体温度低于环境温度,所以要从外界吸收热量以达到热平衡.此时瓶内气体温度上升,压强增大,当瓶内压强稳定时,记录压强传感器的示数 U_2 和瓶内气体的温度 T_1'' 的值.

6. 将上述所得数据换算后代入(10.3.5)式进行计算,求得空气比热容比.

【数据处理】

1. 气体压力传感器定标

表 3.10.1

压强 p'/kPa	2	3	4	5	6	7	8
电压 U/mV							

对上表数据进行线性拟合得 $U=kp'+b$,即可得此压力传感器灵敏度 k(mV/kPa).

2. 空气比热容比测定

$$p_1=p_0+U_1/k, \quad p_2=p_0+U_2/k$$

其中 p_0 的单位为 kPa,U_1 和 U_2 的单位为 mV,U_1/k 和 U_2/k 的单位为 kPa,$\gamma=\dfrac{\ln(p_1/p_0)}{\ln(p_1/p_2)}$.

表 3.10.2

p_0/kPa	U_1/mV	T_1'/℃	U_2/mV	T_1''/℃	p_1/kPa	p_2/kPa	γ

由表中测量数据计算 $\bar{\gamma}$ 的值,并与标准值相比较,分析实验误差产生的原因.

【注意事项】

1. 实验内容 4 打开活塞放气时,当听到放气声结束应迅速关闭活塞,提早或推迟关闭活塞,都将影响实验要求,引入误差.由于数字电压表有滞后显示,用计算机实时测量可以发现此放气时间仅零点几秒,并与放气声音的产生与消失很一致,所以关闭活塞用听声的方法更可靠些.

2. 实验要求环境温度基本不变,若发生环境温度不断下降的情况,可在远离实验仪处适当加温,以保证实验正常进行.

3. 请不要在太阳光照射较强处做实验,以免影响实验结果.

4. 密封装配后必须等胶水变干且不漏气,方可做实验.

5. 充气球橡胶管插入前可先沾水(或肥皂水),然后轻轻插入,以防止断裂.

6. 在充、放气后要让气体回到室温需要较长时间,且需要保证此过程中室温不发生变化.大量的实验数据显示,当温度变化趋于停止时,温度已经非常接近初始温度,此时可认为气体已处于平衡状态,由此引起的误差对实验结果的影响不大.

💬 【思考讨论】

分析本实验中哪些因素会引起系统误差,测量时应怎样才能减小误差?

实验 3.11　固体线膨胀系数的测定

一般物质都有热胀冷缩的特性,在相同的条件下,不同金属的膨胀程度是不同的,通常用线膨胀系数(单位长度的膨胀率)来描述金属的膨胀特性.测定线膨胀系数的关键是测量金属受热后微小长度的变化,本实验用固体线膨胀系数测定实验仪测量不同样品的线膨胀系数.

📍 【实验目的】

1. 测定固体在一定温度区域内的平均线膨胀系数.
2. 了解控温和测温的基本知识.
3. 用最小二乘法处理实验数据.

⚙ 【实验原理】

线膨胀系数 α 的物理意义是,在压强保持不变的条件下,温度升高 1℃ 所引起的物体长度的相对变化.即

$$\alpha = \frac{1}{L}\left(\frac{\partial L}{\partial \theta}\right)_p \tag{3.11.1}$$

在温度升高时,固体由于其原子的热运动加剧一般会发生膨胀,设 L_0 为物体在初始温度 θ_0 下的长度,则在某个温度 θ_1 时物体的长度为

$$L_\theta = L_0[1 + \alpha(\theta_1 - \theta_0)] \tag{3.11.2}$$

在温度变化不大时,α 是一个常量,可以将(3.11.1)式写为

$$\alpha = \frac{L_\theta - L_0}{L_0(\theta_1 - \theta_0)} = \frac{\delta L}{L_0}\frac{1}{(\theta_1 - \theta_0)} \tag{3.11.3}$$

α 是一个很小的量,附录中列出了几种常见固体材料的 α 值.

当温度变化较大时,α 与 $\Delta\theta$ 有关,可用 $\Delta\theta$ 的多项式来描述:

$$\alpha = a + b\Delta\theta + c\Delta\theta^2 + \cdots$$

其中 $a, b, c, \cdots$ 为常量.

在实际测量中,由于 $\Delta\theta$ 相对比较小,一般可以忽略二次方及以上的小量,只要测得材料在温度 θ_1 至 θ_2 之间的伸长量 δL_{21},就可以得到在该温度段的平均线膨胀系数 $\bar{\alpha}$:

$$\bar{\alpha} \approx \frac{L_2 - L_1}{L_1(\theta_2 - \theta_1)} = \frac{\delta L_{21}}{L_1(\theta_2 - \theta_1)} \tag{3.11.4}$$

其中 L_1 和 L_2 为物体分别在温度 θ_1 和 θ_2 下的长度,$\delta L_{21} = L_2 - L_1$ 是长度为 L_1 的物体在温度从 θ_1 升至 θ_2 的伸长量.实验中需要直接测量的物理量是 $\delta L_{21}, L_1, \theta_1$ 和 θ_2.

为了使 $\bar{\alpha}$ 的测量结果比较精确,不仅要对 $\delta L_{21}, \theta_1$ 和 θ_2 进行测量,还要扩大到对 δL_{i1} 和相应

的 θ_i 的测量.将(3.11.4)式改写为以下的形式:

$$\delta L_{i1}=\bar{\alpha}L_1(\theta_i-\theta_1),\quad i=1,2,\cdots \tag{3.11.5}$$

实验中可以等间隔改变加热温度(如改变量为 10℃),从而测量对应的一系列 δL_{i1}.将所得数据采用最小二乘法进行直线拟合处理,从直线的斜率可得一定温度范围内的平均线膨胀系数 $\bar{\alpha}$.

【实验仪器】

线膨胀系数测定实验仪.

仪器结构如图 3.11.1 所示,它由恒温炉、恒温控制器、千分表、待测样品等组成.

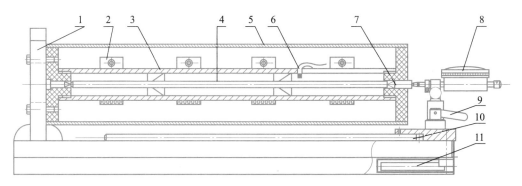

1—大理石托架;2—加热圈;3—导热均匀管; 4—测试样品;5—隔热罩;
6—温度传感器;7—隔热棒;8—千分表;9—扳手;10—待测样品;11—套筒.

图 3.11.1 线膨胀系数测定实验仪内部结构

【实验内容】

1. 接通电加热器与温控仪输入输出接口和温度传感器的插头.

2. 旋松千分表固定架螺栓,转动固定架至被测样品(直径为 8 mm,长为 400 mm 金属棒)能插入紫铜管内,再插入传热较差的短棒,用力压紧后转动固定架.在安装千分表架时注意被测物体与千分表测量头保持在同一直线.

3. 将千分表安装在固定架上,并且扭紧螺栓,使千分表不转动,再向前移动固定架,使千分表读数值在 0.2~0.3 mm 处,固定架给予固定.然后稍用力压一下千分表,使它能与绝热体有良好的接触,再转动千分表圆盘使读数为零.

4. 接通温控仪的电源,设定需加热的值,一般可分别增加温度 20℃、30℃、40℃、50℃,按确定键开始加热.

5. 当显示值上升到大于设定值,电脑自动控制到设定值,正常情况下在 ±0.30℃ 附近波动一两次,同学可以记录 $\Delta\theta$ 和 δL,通过公式 $\alpha=\dfrac{\delta L}{L\cdot\Delta\theta}$ 计算线膨胀系数并观测其线性情况.

6. 换不同的金属棒样品,分别测量并计算各自的线膨胀系数,并与公认值比较,求出其百分误差.

【注意事项】

1. 在实验时严禁用手直接拉动千分表中的量杆,以免损坏千分表.千分表安装须适当固定(以表头无转动为准)且与被测物体有良好的接触(读数在 0.2～0.3 mm 处较为适宜,然后再转动表壳校零).

2. 实验仪器整体要求平稳,因伸长量极小,故仪器不应有振动.

3. 被测物体与千分表需保持在同一直线上.

【思考讨论】

1. 测量 δL 除了用千分表,还可用什么方法? 试举例说明.

2. 在实验装置支持的条件下,在较大范围内改变温度,确定 α 与 θ 的关系.请设计实验方案,并考虑处理数据的方法.

【附录】

表 3.11.1　固体的线膨胀系数参考数据表

物质	温度	线膨胀系数 $\alpha/10^{-6}℃^{-1}$
铝	27℃	23.2
铁	27℃	11.7
铜	0～100℃	17
黄铜	0～100℃	19
熔凝石英		0.42

实验 3.12　导热系数的测定

热传导是热量传播的基本形式,导热系数是描述物质导热能力大小的物理量,不同的物质有不同导热系数,材料结构的变化与所含杂质对导热系数值都有明显的影响,根据导热系数的大小,物质可分为良导体和不良导体.测量导热系数的实验方法一般分为稳态法和动态法两类.在稳态法中,先利用热源对样品加热,样品内部的温差使热量从高温处向低温处传导,样品内部各点的温度将随加热快慢和传热快慢的影响而变动;适当控制实验条件和实验参量可使加热和传热的过程达到平衡状态,则待测样品内部可能形成稳定的温度分布,根据这一温度分布就可以计算出导热系数.而在动态法中,最终在样品内部所形成的温度分布是随时间变化的,如呈周期性的变化,变化的周期和幅度受实验条件和加热快慢的影响,与导热系数的大小也有关.

【实验目的】

1. 测量不良导体(如橡胶、空气)的导热系数.

2.学习用物体散热速率求热传导速率的实验方法.

3.学习温度传感器的使用方法.

【实验原理】

导热系数是表征物质热传导性质的物理量.材料结构的变化与所含杂质的不同对材料导热系数的数值都有明显的影响,因此材料的导热系数常常需要由实验具体测定.

本实验利用稳态法测量不良导体(橡胶样品或者空气)的导热系数,帮助同学学习用物体散热速率求热传导速率的实验方法.1898 年 C.H.Lees 首先使用平板法测量不良导体的导热系数,这是一种稳态法,实验中,样品制成平板状,其上端面与一稳定的均匀发热体充分接触,下端面与一均匀散热体相接触.由于平板样品的侧面积比平板平面小很多,可以近似认为热量只沿着上下方向垂直传递,横向由侧面散去的热量忽略不计,即可以认为,样品内只有在垂直样品平面的方向上有温度梯度,在同一平面内,各处的温度相同.

设稳态时,样品 B 的上下平面温度分别为 θ_1、θ_2,根据傅里叶传导方程,在 Δt 时间内通过样品的热量 ΔQ 满足(3.12.1)式:

$$\frac{\Delta Q}{\Delta t} = \lambda \frac{\theta_1 - \theta_2}{h_B} S \tag{3.12.1}$$

式中 λ 为样品的导热系数,h_B 为样品的厚度,S 为样品的平面面积,实验中样品为圆盘状,设圆盘样品的直径为 d_B,则由(3.12.1)式得:

$$\frac{\Delta Q}{\Delta t} = \lambda \frac{\theta_1 - \theta_2}{4h_B} \pi d_B^2 \tag{3.12.2}$$

实验装置如图 3.12.1 所示,固定于底座的三个支架上,支撑着一个散热盘 P,散热盘上安放面积相同的圆盘样品 B,样品 B 上放置一个圆盘状加热盘 C,其面积也与样品 B 的面积相同,加热盘 C 由单片机控制电加热器自适应控温,可以设定加热盘的温度.

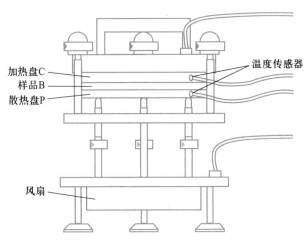

加热盘C
样品B
散热盘P
温度传感器
风扇

图 3.12.1 不良导体导热系数测量实验装置

当传热达到稳定状态时,样品上下表面的温度 θ_1 和 θ_2 不变,这时可以认为加热盘 C 通过样品传递的热量与散热盘 P 向周围环境散热量相等.因此可以通过散热盘 P 在稳定温度 θ_2 时的散热速率来求出热流量 $\dfrac{\Delta Q}{\Delta t}$.

实验时,当测得稳态时的样品上下表面温度 θ_1 和 θ_2 后,将样品 B 抽去,让加热盘 C 与散热盘 P 接触,当散热盘的温度上升到比稳态温度 θ_2 高 $10\sim15℃$ 时,移开加热盘,让散热盘自然冷却,记录散热盘温度 θ 随时间 t 的下降情况,求出散热盘在 θ_2 时的冷却速率 $\dfrac{\Delta\theta}{\Delta t}\Big|_{\theta=\theta_2}$,则散热盘 P 在 θ_2 时的散热速率为

$$\frac{\Delta Q}{\Delta t}=mc\frac{\Delta\theta}{\Delta t}\Big|_{\theta=\theta_2} \tag{3.12.3}$$

其中 m 为散热盘 P 的质量,c 为其比热容.

在达到稳态的过程中,P 的上表面并未暴露在空气中,而物体的冷却速率与它的散热表面积成正比,为此,稳态时散热盘 P 的散热速率的表达式应作面积修正:

$$\frac{\Delta Q}{\Delta t}=mc\frac{\Delta\theta}{\Delta t}\Big|_{\theta=\theta_2}\frac{(\pi R_P^2+2\pi R_P h_P)}{(2\pi R_P^2+2\pi R_P h_P)} \tag{3.12.4}$$

其中 R_P 为散热盘 P 的半径,h_P 为其厚度.

由(3.12.2)式和(3.12.4)式可得

$$\lambda\frac{\theta_1-\theta_2}{4h_B}\pi d_B^2=mc\frac{\Delta\theta}{\Delta t}\Big|_{\theta=\theta_2}\frac{(\pi R_P^2+2\pi R_P h_P)}{(2\pi R_P^2+2\pi R_P h_P)} \tag{3.12.5}$$

所以样品的导热系数 λ 为

$$\lambda=mc\frac{\Delta\theta}{\Delta t}\Big|_{\theta=\theta_2}\frac{(R_P+2h_P)}{(2R_P+2h_P)}\frac{4h_B}{(\theta_1-\theta_2)}\frac{1}{\pi d_B^2} \tag{3.12.6}$$

【实验仪器】

不良导体导热系数测定仪装置,它由仪器主机、加热盘、散热盘、样品架、风扇及数字式温度计等组成.

【实验内容】

1. 旋下三个固定螺母,将橡胶样品放在加热盘与散热盘中间,橡胶样品应与加热盘、散热盘完全对准,调节散热盘下方的三个微调螺丝,使样品与加热盘、散热盘接触良好,但注意不宜过紧.

2. 将加热盘上的四芯插座通过连接线连接至主机背面的"接加热器"端;将底盘上的二芯插座通过连接线连接至主机背面的"接风扇"端;主机背面的"加热盘"与"散热盘"两个插座分别连接温度传感器,可在传感器上涂抹一些导热硅脂,以确保传感器接触良好,而后将"加热盘"插座连接的传感器塞入加热盘上的圆孔,将"散热盘"插座连接的传感器塞入散热盘上的圆孔,要求传感器完全插入小孔中(注意:加热盘和散热盘的两个传感器要对应正确,不可互换);在安放加热盘和散热盘时,还应注意使放置传感器的小孔上下对齐.

3. 设定加热器控制温度:按"升温"与"降温"键可控制左边控温表的目标温度,显示下至"b00.0"上至"b80.0",表示目标温度可设定在 0—80℃ 的范围内,一般设定为 $75\sim80℃$ 较为适

宜.选择目标温度后,再按"确定"键,显示变为"AXX.X"之值,表示加热盘此刻的温度值,"加热指示"灯闪亮,加热盘开始加热.

4. 加热盘的温度上升到设定温度值时,开始记录散热盘的温度,可每隔 1 min 记录一次,若在 10 min 内加热盘和散热盘的温度基本不变,可以认为已经达到稳定状态了.

5. 按复位键停止加热,取走橡胶样品,调节三个螺丝使加热盘和散热盘接触良好,再设定目标温度到 80℃,使散热盘温度上升到高于稳态时的 θ_2 值 10～15℃即可.

6. 移去加热盘,让散热盘在室温下自然冷却,每隔 10 s 手动或利用自动测温功能记录一次散热盘的温度示值,由临近 θ_2 值的一组温度数据计算冷却速率 $\left.\dfrac{\Delta\theta}{\Delta t}\right|_{\theta=\theta_2}$,即临近温度 θ_2 时散热曲线切线的斜率(可用镜尺法),亦可将临近 θ_2 温度时一小段范围内的散热曲线近似为一直线求其斜率.

自动测温功能操作指南:

(1) 主机右边测温表用于测量散热盘的温度,要利用自动测温功能时,先按下"测温/计时"键,使测温表由实时显示模式切换到自动测温模式.

(2) 利用"增加"和"减小"键调整自动测温的时间,以 10 s 为间隔,测温表显示可由"0000"调整到"0450",表示自动测温最长时间为 450 s.

(3) 按下"确定/查阅"键开始自动测温,仪器每隔 10 s 自动记录一个温度数据.

(4) 到达指定时间或手动按下"确定/查阅"键后,自动测温结束,测温表显示"0010",表示当前指向第 10 s 所测得的温度数据,可利用"增加"和"减小"来选择所需要的数据,然后按下"确定/查阅"键即可显示该数据.

(5) 记录好温度数据后,按下"测温/计时"键可回到第(2)步,再按一下"测温/计时"键可回到温度实时显示模式.

7. 根据测量得到的稳态时的温度值 θ_1 和 θ_2,以及在温度 θ_2 时的冷却速率,由公式 $\lambda=mc\left.\dfrac{\Delta\theta}{\Delta t}\right|_{\theta=\theta_2}\dfrac{(R_P+2h_P)}{(2R_P+2h_P)}\dfrac{4h_B}{(\theta_1-\theta_2)}\dfrac{1}{\pi d_B^2}$ 计算不良导体样品的导热系数.

8. 选做实验.

调整加热盘与散热盘的间距,在两盘之间形成一空气层,并以该空气层为样品测量空气的导热系数.

⚙ 【数据处理】

样品:橡胶;室温:22.0℃;散热盘比热容(铝):$c=880$ J · kg^{-1} · K^{-1};散热盘质量:$m=$ _____ g.

表 3.12.1　散热盘厚度 h_P(不同位置测量多次取平均值)

h_P/mm					

散热盘 P 的厚度 $\overline{h}_P=$ _____ mm.

表 3.12.2   散热盘直径 D_P（不同角度测量多次取平均值）

D_P/mm					

散热盘 P 的半径 $\bar{R}_P =$ _____ mm.

表 3.12.3   橡胶样品厚度 h_B（不同位置测量多次取平均值）

h_B/mm					

橡皮样品的厚度 $\bar{h}_B =$ _____ mm.

表 3.12.4   橡胶样品直径 d_B（不同角度测量多次取平均值）

d_B/mm				

橡胶样品的直径 $\bar{d}_B =$ _____ mm.

稳态时（10 min 内温度基本保持不变），样品上表面的温度示值 $\theta_1 =$ _____ ℃，样品下表面温度示值 $\theta_2 =$ _____ ℃，在邻近 θ_2 时每隔 10 s 记录一次散热盘冷却时的温度示值，记入表 3.12.5 中.

表 3.12.5   散热盘自然冷却时温度记录

t/s	10	20	30	40	50	60	70	80	90
$\theta/℃$									

作冷却曲线，取临近温度 θ_2 的散热曲线，并近似为一直线，求其斜率，得到冷却速率 $\left. \dfrac{\Delta\theta}{\Delta t} \right|_{\theta=\theta_2} =$ _____ ℃/s.

将以上数据代入（3.12.6）式计算样品的导热系数并分析误差.

选做实验：测量空气的导热系数

将空气层视为一圆盘样品，稳态时（10 min 内温度基本保持不变），样品上表面的温度示值 θ_1，样品下表面温度示值 θ_2，在邻近 θ_2 时每隔 10 s 记录一次散热盘冷却时的温度示值，记入表 3.12.6 中.

表 3.12.6   散热盘自然冷却时温度记录

t/s	10	20	30	40	50	60	70	80	90	100
$\theta/℃$										

作冷却曲线，取临近温度 θ_2 的散热曲线，并近似为一直线，求其斜率，得到冷却速率并代入（3.12.6）式计算空气在标准大气压及常温条件下导热系数.

【注意事项】

1. 为了准确测量加热盘和散热盘的温度,实验中可在两个传感器上涂些导热硅脂,以使传感器和加热盘、散热盘充分接触;另外,加热橡胶样品的时候,为实现稳定的传热,调节底部的三个微调螺丝,使样品与加热盘、散热盘紧密接触,注意中间不要有空气隙,也不要将螺丝旋得太紧,以免影响样品的厚度.

2. 实验装置底盘下方的风扇用于强迫对流换热,若想加快实验进度,可用主机面板上的"风扇开关"开启,但在风扇形成的强迫对流下,测量冷却速率时散热盘下表面与上表面的散热速率不一致,会在一定程度上增加实验误差.

【思考讨论】

1. 实验过程中如何实现稳态?

2. 根据本实验所用导热仪的结构,分析引入系统误差的因素,以及如何减小系统误差.

第四章 电磁学实验

实验 4.1 用伏安法测电阻

伏安法测电阻是电磁测量中最基本的间接测量方法之一,利用欧姆定律,验证 U、I、R 三者之间的关系.实验所用仪器为电压表、电流表等,简单且使用方便,但在具体测量中电表的内阻对测量结果有影响,所以该方法有明显的系统误差.

 【实验目的】

1. 用伏安法测电阻,验证欧姆定律.
2. 掌握电表的读数方法,掌握滑动变阻器的接线方法.
3. 认识实验中存在的系统误差,学习减小、修正系统误差的方法.
4. 掌握间接测量不确定度的运算,进一步掌握有效数字的概念.

【实验原理】

当有直流电通过待测电阻 R_x 时,用电压表测出 R_x 两端的电压 U,同时用电流表测出通过 R_x 的电流 I,然后根据欧姆定律 $R_x = U/I$ 算出待测电阻 R_x 的数值.

伏安法测电阻,电流表的接法有两种:内接法——电流表接在电压表的内侧;外接法——电流表接在电压表的外侧.但这两种接法都不可能同时精确测定电压和电流,使测量结果产生系统误差.根据待测电阻的大小,选择合适的接法,可以使系统误差较小.若要得到待测电阻的精确值,须用公式进行修正,见表 4.1.1.

表 4.1.1 内接法、外接法电路对比

类型	电流表内接法	电流表外接法
电路图		
测量值	$R_{测} = \dfrac{U}{I} = R_x + R_A$	$R_{测} = \dfrac{U}{I} = \dfrac{R_V R_x}{R_x + R_V}$

续表

类型	电流表内接法	电流表外接法
误差原因	电流表分压,使电压表读数大于被测电阻上的电压,测量值偏大.测量的绝对误差为 R_A,相对误差为 $\dfrac{R_A}{R_x}$.	电压表的分流,使电流表读数大于通过被测电阻的电流,测量值偏小.相对误差为 $\dfrac{\Delta R_x}{R_x}=\dfrac{R_测-R_x}{R_x}=-\dfrac{R_x}{R_x+R_V}$.
测量结果修正值公式	$R_x=R_测-R_A$	$R_x=\dfrac{U_测}{1-\dfrac{U_测}{R_V}}$
适用情况	$R_x\gg R_A$,宜测大电阻	$R_x\ll R_V$,宜测小电阻

根据 $R=\dfrac{U}{I}$ 测量电阻,电压表和电流表的内阻会引入系统误差,为减小系统误差就要合理选择测量电路.一般测量电路的选择依据为:当 $R\gg R_A$ 时用内接法,当 $R\ll R_V$ 时用外接法.此种判别方法的缺点是比较含糊,选择条件没有清晰的界限,实际可根据公式法和试触法判断.

公式法:测量时,对于已给定的被测电阻和选定的电流表及电压表,用"内接法"还是用"外接法",这取决于对测量精度的要求.一般来说,当相对误差 $E_外=E_内$ 时,得到关系式

$$R_x=\frac{1}{2}(R_A+\sqrt{R_A^2+4R_AR_V})\qquad(4.1.1)$$

作为判别采用具体接法的条件.物理实验室通常所用的电表,大多数都是磁电式的,这种结构的电表,电压表的内阻总是远远大于电流表的内阻,即 $R_V\gg R_A$,因此,上面所提到的判别条件可简化为

$$R_x=\sqrt{R_AR_V}\qquad(4.1.2)$$

当被测电阻的粗测值 $R_x>\sqrt{R_AR_V}$ 时,用"内接法"测量好;当 $R_x<\sqrt{R_AR_V}$ 时,用"外接法"测量好;当被测电阻的粗测值恰好满足条件 $R_x=\sqrt{R_AR_V}$ 时,用两种接法引入的系统误差相等.当 R_x 的粗测值和 R_V、R_A 已知时,可用此法判断.

试触法:分别用内、外接法测出 $(U_内,I_内)$ 和 $(U_外,I_外)$,当 $\dfrac{|U_内-U_外|}{U_外}>\dfrac{|I_内-I_外|}{I_内}$ 时,说明电流表的分压作用明显,应该选外接法;当 $\dfrac{|U_内-U_外|}{U_外}<\dfrac{|I_内-I_外|}{I_内}$ 时,说明电压表的分流作用明显,应该选内接法.当 R_x 的值和 R_V、R_A 的值都未知时,可用此法判断.

从以上的分析可以看出,用"伏安法"测电阻时,测量电路不论采用哪种接法,都会给测量结果带来系统误差,但正确选择测量电路,会使系统误差减小,得到较准确的测量结果.

【实验仪器】

直流稳压电源,直流电压表,直流电流表,滑动变阻器,待测电阻,导线若干,开关.

【实验内容】

1. 选择测量电路,减小系统误差

用伏安法测量未知电阻,所用的电流表、电压表内阻都未知,可用试触法选择合适的测量电路.

按图 4.1.1 连接好电路,通过转换开关 S_2 选择电流表内接或外接.分别测出一组数据,判定选哪种接法系统误差较小.

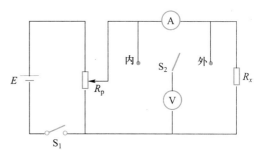

图 4.1.1　伏安法测电阻

表 4.1.2　数据记录表

内接法电压测量值	内接法电流测量值	外接法电压测量值	外接法电流测量值	电压表的相对变化量	电流表的相对变化量	系统误差较小的接法

2. 用系统误差较小的测量电路测直流电阻

(1) 用选好的电路测量待测电阻的阻值.调节滑动变阻器 R_p,使电压表示值等间距改变,测出对应的电流.

(2) 分别用作图法和逐差法处理数据,求出被测电阻,并求测量结果的不确定度.

滑动变阻器

(3) 把测量结果的表示为 $R_x \pm u$,相对不确定度:$\dfrac{u}{R_x} \times 100\%$.

表 4.1.3　数据记录表

次数	1	2	3	4	5	6	7	8
电压								
电流								
被测电阻值								

3. 用另一种系统误差较大的测量电路测直流电阻,并修正系统误差

(1) 用另一种接法(系统误差较大的测量电路)测电阻.

(2) 测量出电表内阻,修正系统误差.

【注意事项】

1. 注意被测电阻额定功率,选择适当电压、电流测量范围,避免烧坏电阻.

2. 不能用电流表或万用表的电流挡测量线路中的电压,否则将烧坏电表.

3. 在测量时,选取电表量程时,要使指针尽量在 2/3 刻度以上大范围转动,越接近满刻度值,相对误差越小.

【思考讨论】

1. 测量多组电压、电流时,电表的量程能不能改变,为什么?

2. 如何根据滑动变阻器的参量选择分压还是限流接法?

3. 此实验中,能否根据测量的 8 组电压或电流值估算电压或电流的 B 类不确定度?

【拓展】

1. 对本实验所用的电路进行改进,要求测量的结果中不含电表内阻引入的误差.

2. 测量小于 0.1 Ω 的低值电阻时,会遇到什么问题,如何解决? 当测量兆欧级的高值电阻时,用伏安法会遇到什么问题,如何解决?

实验 4.2　示波器的使用

示波器是一种用途十分广泛的电子测量仪器,它可以观察瞬时变化的电信号波形,测量电压的幅度、周期、频率等参量.用双踪示波器还可比较测量两个电压之间的大小或相位差.配合各种传感器,它可用来观测非电学量(如压力、温度、光强等)随时间变化的过程.

示波器的种类很多,可分为模拟示波器、数字示波器,也可分为单踪示波器、双踪示波器.模拟示波器因由模拟电路构成而得名,也常被称为模拟实时示波器(ART).

【实验目的】

1. 了解模拟示波器的主要结构及其工作原理.

2. 熟悉模拟示波器控制面板上各旋钮与按键的功能和操作方法.

3. 掌握用模拟示波器观察电压信号的波形和李萨如图形的方法.

4. 掌握用模拟示波器测量电压信号的幅度、周期、频率的方法.

【实验原理】

1. 模拟示波器的结构及工作原理

模拟示波器的基本结构主要包括阴极射线示波管、扫描电路、同步触发电路、X 轴放大器和 Y 轴放大器、校准信号、电源等部分,如图 4.2.1 所示.

(1) 阴极射线示波管.

示波管是示波器的心脏,主要由安装在高真空玻璃管中的电子枪、偏转板和荧光屏三部分组成.电子枪用来发射一束强度可调且能聚焦的高速电子流,它由灯丝 H、阴极 K、控制栅极 G、第一阳极 A_1 和第二阳极 A_2 等五部分组成.阴极被灯丝加热发射出大量电子形成电子束,经聚焦、加速后高速轰击荧光屏,使之发出荧光.荧光点的亮度取决于电子束的电子数量,荧光点的大小

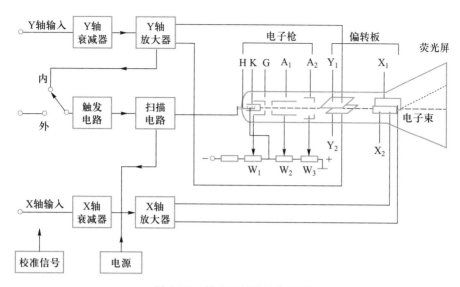

图 4.2.1 模拟示波器结构框图

由电子束的粗细决定,它们分别由"辉度 W_1""聚焦 W_2""辅助聚焦 W_3"旋钮来调节.

(2) 电偏转.

偏转系统是由一对垂直偏转板(Y_1、Y_2)和一对水平偏转板(X_1、X_2)组成.偏转板用来控制电子束的运动,在偏转板上加上适当电压,电子束通过时就沿垂直、水平方向发生偏转,荧光屏上的荧光点随之移动.这种现象称为电偏转.

若电压 U 使电子束沿垂直方向偏转 y,则定义 $k=U/y$ 为偏转因数.显然使电子束偏转的电压值为

$$U=ky \tag{4.2.1}$$

(3) 扫描与校准.

若仅在 X 偏转板上加周期性变化的时间信号 $U_x(t)$,则荧光点沿水平方向作周而复始的往返运动,其位移随电压增大(减小)而变大(变小).荧光点的这种周期性的往返运动过程,称为扫描.此时的 $U_x(t)$ 称扫描电压,由示波器内的扫描电路产生.当扫描频率很高时,荧光点的往返就变成一条水平亮线,称为扫描线.若 $U_x(t)$ 是图 4.2.2 所示的线性锯齿波电压,则扫描位移 $x \propto U_x \propto t$,即扫描位移与时间是线性关系.当扫描电压的周期 T_x 是信号电压周期 T_y 的 n 倍时,即 $T_x=nT_y$ 或 $f_y=nf_x$,屏上将显示出 n 个稳定的周期波形.

为便于观测不同周期的信号,在示波器面板上设置手控"扫描时间"钮,它包括断续可变的"扫描粗调"和连续可调的"扫描微调".当"扫描微调"顺时针旋到底至"校准"位置时,示波器给出该挡的厘米扫描时间的校准值.

(4) 同步.

由于信号电压和扫描电压来自两个独立的信号源,它们的频率难以调节成准确的整数倍关系,每个周期扫描的起点会变化,屏上的波形发生横向移动,如图 4.2.3 所示,这对观测造成了困难.克服的办法是,用 Y 轴信号频率去控制扫描的频率,使扫描频率与 Y 轴信号频率准确相等或成整数倍关系.电路的这种控制作用称为"同步",通常由放大后的 Y 轴电压控制扫描电压的产生

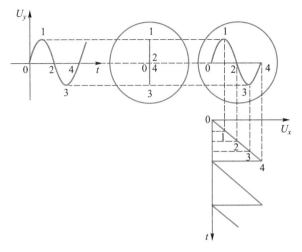

图 4.2.2　示波器的扫描原理

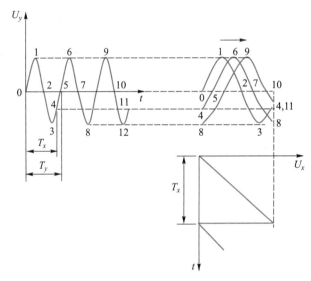

图 4.2.3　扫描不同步显示的波形

时刻,使每个周期扫描的起点恒定,这一过程称为触发扫描.

　　为了确保在各种情况下扫描同步,在示波器面板上设置了"触发源""触发耦合方式""扫描方式""触发电平/触发极性"等键钮.

　　"触发源"键钮,当置于"CH₁"或"CH₂"时为内触发,分别从 Y_1、Y_2 两个通道放大后的信号中取出部分信号作为触发信号,当置于"EXT"时为外触发.

　　"输入耦合方式"键钮,DC 是直流模式,信号交流、直流部分都会显示,对应的显示波形是信号全状态;AC 是交流模式,信号直流部分不会显示,对应的显示波形是交流部分;GND 是接地,实际是断开被测信号并把输入接地,方便找零点.

　　"扫描方式"键钮,通常置于"常态",表明只有在触发信号作用且触发电平在合适范围内时,才能产生触发扫描,否则无触发而停止扫描;若置于"自动",表明系统不能实施正常触发时就自动转换为自激扫描状态,此时示波器将显示出不稳定的扫迹.

"触发电平/触发极性"键钮,用来调节触发电平在合适的范围内,且能转换触发极性.当"触发极性"按下时为正极性触发,表明触发点位于触发信号的上升沿,即扫描从触发信号的正半周开始,反之为负极性触发.

（5）放大器.

一般示波器垂直和水平偏转板的灵敏度不高,当加在偏转板上的电压较小时,电子束不能发生足够的偏转,光点位移很小.为了便于观测,需要预先把小的输入电压经放大后再送到偏转板上,为此设置垂直和水平放大器.示波器的垂直偏转因数（也叫垂直增益）是指光点在 Y 方向偏转一格时的对应电压,其单位为 V/格、mV/格.

水平放大器将扫描电压放大后送到 X 偏转板,以保证扫描线有足够的宽度.水平偏转因数是指光迹在 X 方向偏转一格对应的扫描时间,其单位为 s/格、ms/格或 μs/格.此外,水平放大器亦可直接放大外来信号,这时示波器可作 X–Y 显示用.

2. 示波器测量

示波器的测量非常广泛,这里仅介绍其基本测量原理.

（1）观察交流电压信号波形.

将待测交流电压信号输入示波器的 CH1 或 CH2 通道,X 轴处于扫描状态,适当调节"mV/格""ms/格"及"电平"等旋钮,即可在荧光屏上显示出稳定的电压波形.

（2）测量交流信号的幅度.

"垂直偏转因数微调"校准后,待测电压的幅度可直接由信号在 Y 轴的偏转量和"V/格"的取值计算.可根据(4.2.2)式计算被测电压的有效值 U_e:

$$U_e = \frac{U_{pp}}{2\sqrt{2}} = \frac{k\Delta y}{2\sqrt{2}} \tag{4.2.2}$$

式中 U_{pp} 为被测电压的峰–峰值,k 为垂直偏转因数,Δy 为被测电压在 Y 轴上峰之间的垂直距离.

（3）测量交流信号的频率（周期）.

1）当 X 轴输入扫描电压时,示波器显示 Y 轴输入电压信号的瞬变过程."扫描微调"校准后,通过示波器的扫描速率"time/Div"测周期.测出两点间的水平距离 Δx,对应的时间为 $\Delta t = \Delta x \times$ 扫描速率"time/Div".

2）当 X 轴和 Y 轴均输入正弦电压信号,荧光屏上光迹的运动是两个相互垂直简谐振动的合成.如果两个正弦电压的频率比为简单整数比,且两信号的相位差恒定时,合成轨迹为一稳定的闭合曲线,称为李萨如图形,如图 4.2.4 所示.

利用李萨如图形可以比较两个电压的频率.当李萨如图形稳定后,对图形作水平和竖直割线（两条割线均应与图形有最多的相交点）,若设水平割线与图形的交点数为 n_x、竖直割线与图形的交点数为 n_y,则 X 轴、Y 轴上的电压频率 f_x、f_y 与 n_x、n_y 有如下关系:

$$\frac{f_x}{f_y} = \frac{n_y}{n_x} \tag{4.2.3}$$

因此,只要知道 f_x 或 f_y 的其中一个,就可以求出另一个.

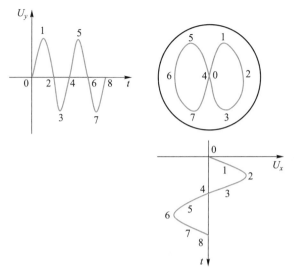

图 4.2.4　李萨如图形

【实验仪器】

双踪模拟示波器,函数信号发生器,同轴电缆线等.

【实验内容】

1. 调节触发部分,使波形稳定在屏幕上

将信号发生器的电压输出端接入示波器的测量通道,调节触发部分,使波形稳定.观察信号发生器输出的正弦波形.熟悉示波器和信号发生器面板上各键钮的功能及使用方法,由此自己总结出各键钮的调整对波形稳定性的影响.

2. 测量正弦电压的幅度

先把"偏转因数微调"旋钮顺时针旋到底,打到"Cal"校准位置,再调"偏转因数"旋钮使波形在竖直方向大小合适.先测出波形上最高点到最低点的纵向距离 D_y(Div),则待测电压的峰-峰值:$U_{pp}=D_y$(Div)×垂直增益(V/Div).测量结果与信号源显示值对比,求出相对误差.

表 4.2.1　练习测量两个不同的电压值

测量次数	示波器测量数据				电源显示值	测量的相对误差
	纵向距离 D_y/Div	垂直增益/(V/Div)	电压峰-峰值 U_{pp}/V	有效值 U/V	电压/V	
模拟 1						
模拟 2						
数字	—	—				

3. 测量正弦电压的周期、频率

先把"扫描微调"旋钮顺时针旋到底,打到"Cal"校准位置,再调"扫描速率"旋钮使波形在水平方向大小合适(屏幕上能显示 2~6 个完整的周期).从屏幕上读出 n 个($2 \leqslant n \leqslant 6$)周期波形的水平距离 D_x(Div),则信号的周期 T 可由公式 $T = \dfrac{1}{n} D_x$(Div)×扫描速率(time/Div)计算.

表 4.2.2　练习测量两个不同的频率值

	示波器测量数据				电源显示值	测量的相对误差
	n 个周期的格数 D_x/Div	扫描速率/(time/Div)	周期 T/s	频率 f/Hz	频率/Hz	
模拟 1						
模拟 2						
数字	—	—				

4. 测量干电池的电压

表 4.2.3　练习测量电压

	偏转格数/Div	垂直增益/(V/Div)	示波器测量值/V
模拟			
数字	—	—	

5. 观察李萨如图形(即两个相互垂直的简谐振动的叠加),测量信号的频率

(1)将示波器置于"X–Y"工作状态.

(2)将一信号发生器的输出端接到示波器 Y 轴输入端上,并调节信号发生器输出电压的频率为 50 Hz,作为待测信号频率.把另一信号发生器的输出端接到示波器 X 轴输入端上作为标准信号频率.

(3)分别调节与 X 轴相连的信号发生器输出正弦波的频率 f_x,使 f_x 约为 25 Hz、50 Hz、100 Hz、150 Hz、200 Hz 等.观察各种李萨如图形,微调 f_x 使其图形稳定时,记录 f_x 的确切值,再分别读出水平割线和垂直割线与图形的交点数.由此求出各待测频率 f_y,记录于表 4.2.4 中.

表 4.2.4　利用李萨如图形测量信号频率

标准信号频率/Hz	25	50	100	150	200
李萨如图形稳定时的频率 f_x/Hz					
水平割线与图形的交点数 n_x					
垂直割线与图形的交点数 n_y					
待测频率 f_y/Hz					
f_y 的平均值与不确定度					

💡【注意事项】

1. 示波器和信号发生器上所有开关、键钮都具有一定的强度和调节范围,调节时不要用力过猛,要轻、细、稳、准.
2. 注意公共端的使用,注意探头衰减倍数的作用,接线时严禁短路.
3. 仪器在使用前,应用校准信号分别校准"增益校准"和"扫描校准".
4. 荧光屏上的光点亮度不能太强,而且不能让光点长时间停留在荧光屏的某一点,以免损坏荧光屏.

💬【思考讨论】

1. 示波器、信号发生器面板上各键钮的作用是什么?
2. 荧光屏上无光点出现,有几种可能的原因(至少找出四种原因)? 怎样调节才能使光点出现?
3. 能观测到稳定的李萨如图形的条件是什么?
4. 示波器测量有何优点? 使用示波器测量电压,测量值与电压表真值相差很大,试分析其原因.

👤【拓展】

1. 如何利用双踪示波观察拍频现象? 自行设计实验方案、调出结果.
2. 用示波器观察电阻、二极管的伏安特性曲线.自行设计实验方案、调出结果.
3. 用示波器能测压力、温度、磁场强度等非电学量吗?

实验 4.3　用惠斯通电桥测电阻

为了提高电阻测量的精确度,可以采用将待测电阻与标准电阻相比较的方法得出待测电阻的阻值.

📍【实验目的】

1. 掌握直流单臂电桥测电阻的原理,并通过它初步了解一般桥式电路的特点.
2. 学会正确使用箱式电桥测电阻.
3. 了解提高电桥灵敏度的方法.

⚙【实验原理】

如图 4.3.1 所示,检流计 G 指示零时,$I_g=0$,电桥达到平衡,这时有:

$$U_{BC}=U_{DC},\quad I_1=I_x,\quad I_2=I_3$$

于是　$I_1R_1=I_2R_2$,$I_1R_x=I_2R_3$,由此得

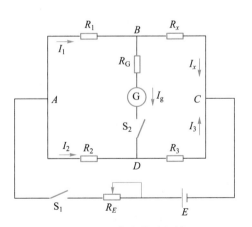

图 4.3.1　直流单臂电桥

$$R_x = \frac{R_1}{R_2}R_3 \qquad (4.3.1)$$

其中 R_x 为待测臂电阻，R_3 为比较臂电阻，R_1、R_2 为比例臂电阻.

测量精密度取决于 R_1、R_2、R_3 的精度及电桥的灵敏度，其中比例臂电阻 R_1、R_2 的误差可用换臂测量来消除.

电桥的灵敏度定义为

$$S = \frac{\Delta n}{\Delta R_x / R_x} \qquad (4.3.2)$$

它表示电桥平衡后，R_x 的相对变化量 $\dfrac{\Delta R_x}{R_x}$ 引起检流计指针产生 Δn 格的偏转. 如某待测电阻有 1% 的改变时，检流计指针相应偏离平衡点 $\Delta n = 1$ 格，则灵敏度 $S = 100$ 格. 通常人眼可觉察出检流计指针最小 0.2 格的偏转（即 $\Delta n = 0.2$ 格），这样由电桥平衡带来的误差 $\Delta R_x \leqslant \dfrac{0.2 R_x}{S}$. 可见 S 值越大，电桥越灵敏，对电桥平衡的判断就越准确，由此带来的测量误差就越小.

电桥的灵敏度与下面五个因素有关：(1) 与检流计的电流灵敏度 S_i 成正比；(2) 与电源的电动势 E 成正比；(3) 与电源的内阻和限流电阻 R_E 有关；(4) 与四个桥臂电阻的搭配有关 ($R_1 = R_2$，$R_x = R_3$ 时灵敏度最高)；(5) 与检流计的内阻有关.

因此电桥的灵敏度并非定值，随上述因素变动要随时测定. 因为待测电阻 R_x 不能改变，所以一般通过改变比较臂 R_3 来测灵敏度，将 (4.3.1) 式代入 (4.3.2) 式得

$$S = \frac{\Delta n}{\Delta R_3 / R_3} \qquad (4.3.3)$$

测量不确定度分析：根据不确定度理论，测量的不确定度分为 A、B 两类，其中 A 类不确定度是随机误差分量，多次测量用统计方法求得；B 类不确定度为未定系统误差分量，主要来源有仪器误差、原理方法误差、环境误差、个人误差、调整误差等，基础物理实验中作为简化处理一般只考虑仪器误差引入的不确定度. 单次测量时只考虑由仪器误差引入的 B 类标准不确定度. 根据 (4.3.1) 式，测量的 B 类不确定度主要由电阻 R_1、R_2 和 R_3 及电桥的分辨率误差产生. 电阻箱的基本误差限为 $\Delta_R = R \cdot C\%$，R 为标称值，C 为电阻箱的准确度等级；电桥的分辨率误差是由电桥的灵敏度限制引起的，通常将指针偏转 0.2 格作为研究能觉察的界限，根据 (4.3.3) 式，由灵敏度限制而引入的测量误差限为 $\Delta_S = R_3 \times \dfrac{0.2}{S}$. 所以测量的 B 类相对不确定度为

$$\frac{u_B}{R_x} = \sqrt{\left(\frac{u_{R_1}}{R_1}\right)^2 + \left(\frac{u_{R_2}}{R_2}\right)^2 + \left(\frac{u_{R_3}}{R_3}\right)^2 + \left(\frac{u_S}{R_3}\right)^2}$$

若认为误差均匀分布，则标准不确定度 $u_R = \dfrac{\Delta_R}{\sqrt{3}}$，$u_S = \dfrac{\Delta_S}{\sqrt{3}}$.

若换臂测量，R_1 和 R_2 的误差已消除，它们引入的不确定度无须考虑，但应该将两次测量的误差影响都包含在总不确定度中，即不但包括 R_S 和 R'_S 的测量不确定度，而且两次测量的灵敏度引起的不确定度也必须包括在内，因此换臂测量后的 B 类不确定度为

$$\frac{u_B}{R_x} = \frac{1}{2}\sqrt{\left(\frac{u_{R_3}}{R_3}\right)^2 + \left(\frac{u'_{R_3}}{R'_3}\right)^2 + \left(\frac{u_S}{R_3}\right)^2 + \left(\frac{u'_S}{R'_3}\right)^2} \qquad (4.3.4)$$

【实验仪器】

直流稳压电源,电阻箱 3 个,检流计,导线,开关,滑动变阻器等.

【实验内容】

1. 自组电桥,选取合适的比例臂测量未知电阻,要求消除比例臂造成的测量误差,并求测量的不确定度.

表 4.3.1

R_1/Ω	R_2/Ω	R_3/Ω		R_x/Ω	R_x 测量值$/\Omega$	不确定度
		换臂前				
		换臂后				
		换臂前				
		换臂后				
		换臂前				
		换臂后				

2. 测量不同电源电压、不同比例臂比值时的电桥灵敏度,分析电源电压和比例臂的比值对电桥灵敏度有何影响.

3. 用箱式电桥测量待测电阻(电压 4.5 V).

表 4.3.2

倍率	读数$/\Omega$	测量值$/\Omega(R_x=$读数$\times$倍率)	不确定度

【思考讨论】

1. 怎样消除比例臂造成的系统误差?
2. 电桥的灵敏度与哪些因素有关? 电桥灵敏度是否越高越好?
3. 在调节电桥平衡的过程中,R_G 和 R_E 应如何变化? 为什么?
4. 你如何根据检流计指针的偏转方向来调节 R_3,很快找到"平衡点"?
5. 在调节电桥平衡时,如果检流计指针不偏转,可能的原因是什么? 如果无论怎样改变 R_3 的值,检流计指针始终偏向一边,其原因是什么?
6. 说明检流计中"短路"按钮能使指针迅速静止的原理.

双臂电桥
测低电阻

【拓展】

描述用单臂电桥测量低值电阻遇到的问题及解决方案.了解双臂电桥测低值电阻的原理.

实验 4.4　万用表的设计与组装

电表在电路测量中有着广泛的应用,因此了解电表和使用电表就显得十分重要.电流计(表头)由于构造比较精密,一般只能测量较小的电流和电压.如果要用它来测量较大的电流和电压,就必须进行改造,以扩大其量程.万用表(又称多用表)就是对电流计进行多量程改装而实现的,在电路的测量和故障检测中得到了广泛的应用.

【实验目的】

1. 掌握电表扩大量程的原理和方法.
2. 能够对电表进行改装和校准,理解电表准确度等级的含义.
3. 学习万用表的组装和欧姆表的刻度标定.

万用表

【实验原理】

1. 电流计内阻的测量

电流计允许通过的最大电流称为电流计的量程,用 I_g 表示;电流计的线圈有一定的内阻,用 R_g 表示;I_g 与 R_g 是表示电流计特性的两个重要参量.I_g 在表盘刻度上能直接读出来,其内阻 R_g 若表盘上没标注的话,需要测出来.常用方法有:半偏法和替代法,测量原理如图 4.4.1 所示.

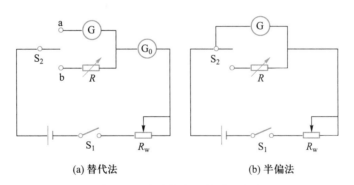

(a) 替代法　　　　(b) 半偏法

图 4.4.1　电流计内阻的测量电路

使用替代法测量,将 S_2 接 a 端,调电源电压和 R_w,使电流计 G 和监测表 G_0 都有一定的示值,记下监测表 G_0 的值.再将 S_2 接 b 端,调电阻箱 R 使监测表 G_0 到刚才记下的值,读出 R 的值即为 G 的内阻.当实验条件中没有监测表 G_0 时,也可用半偏法测量,此时需要选择较小的电源电压和大阻值的 R_w,使电源与 R_w 组成近似的恒流源,调 R_w 使 G 满偏,再闭合 S_2,调电阻箱 R 使 G 半偏,读出 R 的值即为 G 的内阻.

2. 改装为大量程电流表

如图 4.4.2 所示,若要将电流计改装成一个量程为 I_m 的直流电流表,可在电流计两端并联上一个阻值适当的电阻 R_s,这样就能使电流计不能承受的那部分电流从电阻 R_s 通过,而电流计电流 I_g 仍在原来许可范围之内.图 4.4.2 虚线框住的部分就是改装后的电流表.

根据图 4.4.2,有 $(I_m-I_g)R_s=I_gR_g$,则所需的分流电阻为

$$R_s=\frac{I_gR_g}{I_m-I_g}=\frac{R_g}{\dfrac{I_m}{I_g}-1} \tag{4.4.1}$$

若在电流计上并联阻值不同的分流电阻,便可制成多量程的电流表.

3. 改装为大量程电压表

一般电流计能承受的电压很小,不能用来测量较大的电压.为了测量较大的电压,可以给电流计串联一个阻值适当的电阻 R_p,如图 4.4.3 所示,使电流计上不能承受的那部分电压落在电阻 R_p 上,串联电阻 R_p 称为扩程电阻.

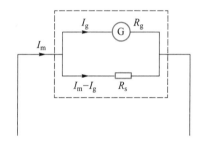

图 4.4.2 改装直流电流表的原理图

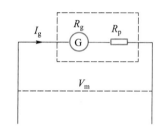

图 4.4.3 改装直流电压表的原理图

设改装成电压表的量程为 V_m,有 $I_g(R_g+R_s)=V_m$,则扩程电阻为

$$R_p=\frac{V_m}{I_g}-R_g=\frac{V_m}{\dfrac{V_g}{R_g}}-R_g=\left(\frac{V_m}{V_g}-1\right)R_g \tag{4.4.2}$$

其中 $V_g=I_gR_g$ 是电流计上最大允许的电压.

选取不同的 R_p,就可以得到不同量程的电压表.

4. 电表的校准

电表扩程后,要经过校准方可使用.方法是将改装表与一块标准表进行比较,当两表通过相同的电压(或电流)时,若待校表的读数为 U_x,标准表的读数为 U_0,则刻度的修正值为

$$\Delta U_x=U_0-U_x$$

将该量程中的各个刻度都校准一遍,可得到一组 ΔU_x,U_x(或 ΔI_x,I_x)值.将相邻两点用直线连接,整个图形呈折线状,即得到 ΔU_x-U_x(或 ΔI_x-I_x)曲线,称为校准曲线,如图 4.4.4 所示.以后使用这块电表时,就可以根据校准曲线对各个读数进行校准,从而获得较高的准确度.

图 4.4.4 校准曲线

根据电表改装的量程和测量值的最大绝对误差,可以计算改装表的最大相对误差,即

$$最大相对误差=\frac{最大绝对误差}{量程}\times100\%$$

根据最大相对误差的大小,可以定出电表的准确度等级.通常电表的精度等级都会在其电表外壳上标注出来.根据国家规定主要精度等级包含 7 个:0.1,0.2,0.5,1.0,1.5,2.5,5 级,精度等级越小代表精准度越高.

例如校准某电压表,其量程为 0~30 V,若该表在 12 V 处的误差最大,其值为 0.14 V,则该表的最大相对误差为 $\frac{0.14}{30} \times 100\% = 0.47\%$.因为 $0.2 < 0.47 < 0.5$,故该表的准确度等级为 0.5 级.

5. 改装成欧姆表

(1) 串联式欧姆表的改装.

依据闭合电路的欧姆定律,可把电流计改装成欧姆表.

如图 4.4.5 所示,虚线框内总电阻为欧姆表的内阻 $R_内$,当表针短接($R_x = 0$)时,总电路中的电流最大为

$$I_0 = \frac{E}{R_内} \qquad (4.4.3)$$

此时表头中的电流为满偏电流 I_g.

表针间接上被测电阻 R_x 时,回路总电流表示为

$$I = \frac{E}{R_内 + R_x} \qquad (4.4.4)$$

当电源电动势 E 和欧姆表内阻一定时,被测电阻和电流有一一对应的关系,即接入不同的电阻,表头就会有不同的偏转读数,R_x 越大,电流 I 越小.

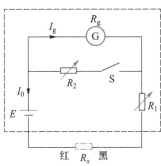

图 4.4.5   串联式欧姆表的原理图

当 $R_x = R_内$ 时 $I = \frac{1}{2}I_0$,这时指针在表头的中间位置 $\frac{1}{2}I_g$ 处,对应的阻值为中值电阻,显然 $R_中 = R_内$.

当 $R_x = \infty$(表针断开时),$I = 0$,即指针在表头的机械零位,所以欧姆表的标度尺为反向刻度.表盘的欧姆值是根据 $R_中$ 来标定的,当 R_x 为 $2R_中$,$3R_中$,$4R_中$,$\cdots$,$nR_中$ 时,电流表中的电流分别为 $\frac{1}{3}I_g$,$\frac{1}{4}I_g$,$\frac{1}{5}I_g$,$\cdots$,$\frac{1}{n+1}I_g$.可见电流计满偏电流 I_g 一定时,$R_中$ 决定了欧姆挡的刻度分布.I 与 R_x 是非线性的,因此刻度是不均匀的.电阻 R 越大,刻度间隔越密.理论上每一量程的测量范围都是 0~∞,但当 $R_x \gg R_中$ 时,I 太小,表头灵敏度有限,不易显示.R_x 在 $0.1R_中$~$10R_中$ 时才准确,中值电阻决定了不同挡位的有效量程,所以规定标尺长度的 10%~90% 之间为有效长度.因此测量不同的电阻要用中值电阻不同的欧姆挡.

要改装成中值电阻为 $R_中$ 的欧姆挡,根据(4.4.3)式,由电源电动势和 $R_中$ 的值,先计算出电路的满偏电流 I_0,再计算出 R_2 的值

$$R_2 = \frac{R_g I_g}{I_0 - I_g} \qquad (4.4.5)$$

把 R_1 预置得大一些,把测量表针短接在一起,调 R_1 使指针指到满偏刻度(即 0 Ω 刻度)处即可.

若要改装成中值电阻为 $10R_中$ 的欧姆挡,根据(4.4.3)式,电源电动势不变的情况下,使 I_0 变成 $I_0/10$ 即可.用 $I_0/10$ 替换(4.4.5)式中的 I_0,计算出 R_2 的值.把测量表针短接在一起,调 R_1 使指针指到满偏刻度(即 0 Ω 刻度)处即可.

（2）并联式欧姆表的改装.

串联式欧姆表不宜改成低阻表（1 Ω以下）.因为要测量小电阻,就必须将欧姆表的综合内阻降低,而综合内阻很小时,电路中的电流就会很大,以至和短路相差不多,因而无法工作.采用并联式欧姆表就可以解决这个问题.

如图 4.4.6(a)所示,电源与电阻 R 串联,当 $R \gg R_g$ 时,电源的输出电流趋于恒流.当红黑表针短接时,被测电阻 $R_x = 0$ 时,电流计指针在最左端（即 0 Ω处）;当红黑表针断开时,被测电阻无穷大,电流计指针满偏.因此并联式欧姆表的读数与串联式欧姆表的读数相反.当红黑表针间的被测电阻 $R_x = R_g$ 时,表针正好指在中间位置,欧姆表的中值电阻为 R_g.

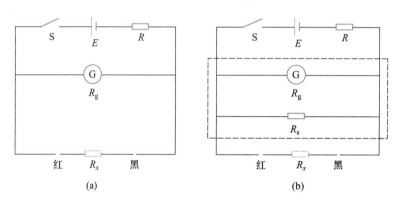

图 4.4.6　并联式欧姆表的原理图（测小电阻用）

若要减小欧姆表的有效量程,如图 4.4.6(b)所示,在欧姆表的两端再并联一个电阻 R_s 即可,此时欧姆表的中值电阻为虚线内的综合电阻.

6.万用表的组装

把电流表、电压表、欧姆表组装成一个万用表（图 4.4.7）.

🔧【实验仪器】

直流稳压电源,电阻箱,滑动变阻器,电流计,电压表,电流表,欧姆表,开关,导线等.

📖【实验内容】

1.测量电流计内阻

2.电流表的改装与校准

（1）将电流计改装成量程为 I_m 的电流表,计算需要的分流电阻.

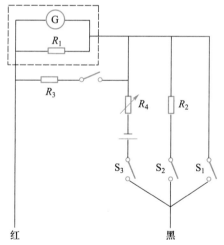

图 4.4.7　万用表的组装电路

（2）对电流表进行校准,确定出准确度等级.

校准电路如图 4.4.8(a)所示.

1）校准电表零点.用电流计零点调节螺丝,将指针调到零.

2）校准满度.开启电源,调节滑动变阻器,使标准毫安表达到改装表的满度电流值,并检查

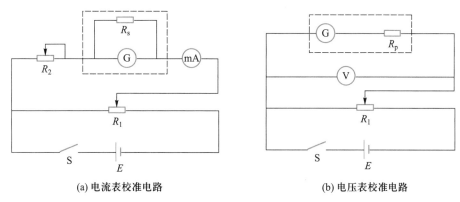

(a) 电流表校准电路   (b) 电压表校准电路

图 4.4.8 电表校准电路

被改装电流表是否刚好达到满量程.若后者没有达到满量程,就要改变 R_s,反复调节,使被改装电流计和标准表均达到改装表的满度电流值,记录 R_s 的实验值.

3) 校准电表线性.调节滑动变阻器,先使被改装电流表的电流等量减小,同时记下改装表示值 I_x 和标准表的示值 I_0,直至 $I=0$(线路断开时);再使被改装电流表的电流等量增加,同时记下标准表的示值 I_0,直至 $I=I_m$.将两次校准结果 I_0 取平均,作出校准曲线 ΔI_x-I_x,并定出改装后电表的等级,数据记录在表 4.4.1 中.

表 4.4.1 改装电流表的数据记录

$R_g=$ _____; $R_s=$ _____(计算值); $R_s=$ _____(实验值)								
表针位置/Div								
改装表示值 I_x/mA								
标准表示值 I_0/mA	减小时							
	增大时							
	平均值							
$\mid \Delta I_x \mid = \mid I_x - \overline{I_0} \mid$								
最大相对误差								
改装表的准确度等级								

3. 电压表的改装与校准

(1) 将电流计改装成量程为 V_m 的电压表,计算需要的分压电阻.

(2) 对电压表进行校准,确定出准确度等级[电路参照图 4.4.8(b),数据记录参照表 4.4.1 自拟].

4. 欧姆表的改装与定标

(1) 将电流计改装成中值电阻为给定 $R_{中}$ 的欧姆表.

按图 4.4.5 连好电路,根据给定的 E 和 $R_{中}$ 计算 I_0 和 R_2.调好 R_2 后将开关 S 闭合,将红黑表针短接,调 R_1 使电流计满偏,满偏刻度标记为 0 Ω.最后根据 $R_x = nR_{中}$ 时,$I = \dfrac{1}{n+1}I_g$,用欧姆值标定其他刻度.

表 4.4.2　改装欧姆表的数据记录

电路参量	$R_{中}=$				$I_0=$	$R_2=$	$R_1=$	$R_x=$
标定的欧姆值/Ω	$\frac{1}{5}R_{中}$	$\frac{1}{4}R_{中}$	$\frac{1}{3}R_{中}$	$\frac{1}{2}R_{中}$	$R_{中}$	$2R_{中}$	$3R_{中}$	$4R_{中}$	$5R_{中}$
表盘上对应的格数/Div								

(2) 在此基础上,将电流计改装成×10 倍率($R'_{中}=10R_{中}$)的欧姆表.

5. 万用表的组装

按照图 4.4.7,把电流表、电压表、欧姆表组装成一个万用表.

💬【思考讨论】

1. 欧姆表上调零电阻的作用是什么? 若没有调零电阻,对测量结果有何影响?
2. 你还能想出哪几种测电流计内阻的方法? 对比各种方法的测量误差.
3. 说明电池的内阻、电源电动势等改变对测量值的影响.

实验 4.5　铁磁物质动态磁滞回线的测定

铁磁材料应用非常广泛,从常用的永久磁铁、变压器铁芯到录音、录像、计算机存储用的磁带、磁盘等都采用铁磁材料.磁滞回线和基本磁化曲线反映了铁磁材料的主要特征,通过实验研究这些性质,我们不仅能掌握用示波器观察磁滞回线以及基本磁化曲线的基本测绘方法,而且能从理论和实际应用上加深对铁磁材料磁特性的认识.

📍【实验目的】

1. 掌握磁滞、磁滞回线和磁化曲线的概念,加深对铁磁材料的主要物理量:矫顽力、剩磁和磁导率的理解.
2. 学会用示波器测绘基本磁化曲线和磁滞回线.

⚙️【实验原理】

1. 磁滞回线

铁磁材料在外加磁场中被磁化,磁场强度 H(即外加磁场)与铁磁材料内部的磁感应强度 B 的关系为 $B=\mu H$.然而铁磁材料的磁导率 μ 不是常量,B 与 H 是非线性关系,如图 4.5.1 所示.磁化前铁磁材料处于磁中性状态,即 $B=0,H=0$.当磁场 H 从 0 开始增加时,磁感应强度 B 随之缓慢上升,继而 B 随 H 迅速增长,其后 B 的增长又趋缓慢,当 H 增加到 H_m 时,B 达到饱和值 B_m,即 H 再增加,B 几乎不再增加.从 0 到达饱和状态的这段 B-H 曲线,称为起始磁化曲线(如图 4.5.1 中曲线 oa 所示).当 H 从 H_m 减小时,B 也随之减小,但不沿原曲线返回,而是沿另一曲线 ab 下降.当 H 下降为零时,B 不为零,表明铁磁材料中仍保留一定的剩磁 B_r.使外磁场

反向增加到 $-H_c$ 时,材料中的磁感应强度 B 下降为零,继续增加反向磁场到 $-H_m$,B 又反向达到饱和值 $-B_m$.逐渐减小反向磁场直至为 0,再加上正向磁场直至 H_m,则磁感应强度沿 $defa$ 变化,于是得到一条闭合曲线 $abcdefa$.这条曲线称为铁磁材料的磁滞回线.其中 B_r 称为剩磁,如果铁磁材料有剩磁存在,表明它已被磁化过.H_c 称为矫顽力,它表示铁磁材料抵抗去磁的能力.H_c 越大,表示铁磁材料越不容易退磁.

　　实验表明,当铁磁材料从未被磁化开始,在最初几个反复磁化的循环中,往往不能形成闭合曲线,经过十几次反复磁化后,才能获得一个稳定的闭合磁滞回线.当交变磁场由弱到强单调增加时,处于交变磁场中的铁磁材料便从初始状态 $H=0$,$B=0$ 开始依次进行磁化,可以得到面积由小到大向外扩张的一簇磁滞回线,如图 4.5.2 所示.把原点 O 和各磁滞回线的顶点 $a_1,a_2,\cdots,a$ 所连成的曲线,称为基本磁化曲线.它与前面所述的起始磁化曲线稍有区别,基本磁化曲线反映的铁磁材料的性质更具有实际使用价值.

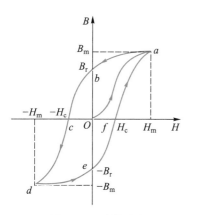

图 4.5.1　磁滞回线

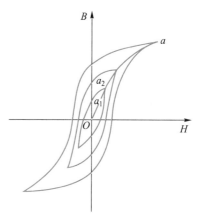

图 4.5.2　基本磁化曲线

　　由于铁磁材料被磁化后具有剩磁,在测定磁化曲线和磁滞回线时,首先必须对铁磁材料预先进行退磁,以保证满足 $B=\mu H$,减小实验误差.退磁的方法,从理论上分析,要消除剩余磁感应强度 B_r,只需要通以反向电流,使外加磁场正好等于铁磁材料的矫顽力即可,但实际上矫顽力的大小通常并不知道,则无法确定退磁电流的大小.从图 4.5.2 中磁滞回线簇可以看出,如果能使磁滞回线的面积逐渐缩小为 0,就可以实现退磁.因此,首先给要退磁的材料加上一个大于(至少等于)原磁化场的交变磁场,这时会得到一个面积较大的磁滞回线.然后逐渐减小外加磁场,磁滞回线的面积依次缩小.当外加磁场 H 减小到 0 时,磁滞回线最终趋于原点,面积缩小为 0,铁磁材料的磁感应强度 B 亦同时降为 0,即达到完全退磁.

　　铁磁材料的磁化曲线和磁滞回线是铁磁材料分类的主要依据,铁磁材料可分为软磁材料和硬磁材料.软磁材料的特点是:磁导率大,矫顽力小,磁滞损耗小,磁滞回线呈长条状,如图 4.5.3(a)所示.这种材料容易磁化,也容易退磁,可用来制造变压器、继电器、电磁铁、电机及各种高频电磁元件的铁芯等.硬磁材料的特点是:剩磁大,矫顽力也大,磁滞特性显著,磁滞回线包围的面积大.因此,硬磁材料充磁后,能保留很强的磁性,适用于作为永久磁体,如图 4.5.3(b)所示.另外,铁氧体的磁滞回线是矩形,如图 4.5.3(c)所示,也称为矩磁材料.其特点是:磁导率大,电阻率高,剩磁 B_r 接近于磁饱和值.矩磁材料常用于高频技术,计算机中也常用这种材料的两个稳定的剩磁状态分别代表"0"和"1",故可作为二进制记忆元件.

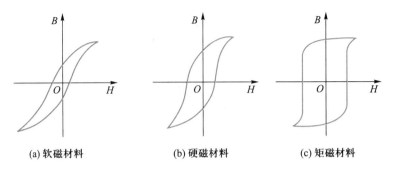

(a) 软磁材料　　　　(b) 硬磁材料　　　　(c) 矩磁材料

图 4.5.3　三种材料的磁滞回线

2. 示波器显示磁滞回线的原理

测量电路如图 4.5.4 所示.设铁磁环的平均长度为 L,横截面积为 S,当原线圈输入交流电压 U 时,在原线圈中将产生交变的磁化电流 i_1,根据安培环路定理:

$$HL = N_1 i_1 \quad 即 \quad H = \frac{N_1 i_1}{L}$$

把 $i_1 = \dfrac{U_{R_1}}{R_1}$ 代入得:

$$U_{R_1} = \frac{LR_1}{N_1} H \qquad\qquad (4.5.1)$$

(4.5.1)式表明,加在示波器 X 轴上的电压 U_{R_1} 与磁场强度 H 成正比.

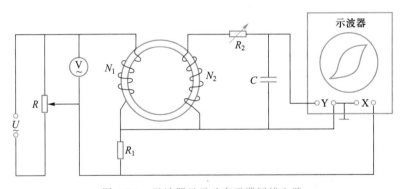

图 4.5.4　示波器显示动态磁滞回线电路

原线圈中交变的磁场强度 H 在磁环样品中产生交变的磁感应强度 B,则穿过样品横截面积 S 的磁通量 $\Phi = B \cdot S$,由法拉第电磁感应定律知,样品副线圈中产生的感应电动势为

$$\mathscr{E}_2 = -N_2 \frac{\mathrm{d}\Phi}{\mathrm{d}t} = -N_2 S \frac{\mathrm{d}B}{\mathrm{d}t} \qquad\qquad (4.5.2)$$

设副线圈中的感应电流为 i_2,忽略自感电动势和回路损耗,则回路方程为

$$\mathscr{E}_2 = i_2 R_2 + U_C$$

式中 $i_2 = C \dfrac{\mathrm{d}U_C}{\mathrm{d}t}$,若选择足够大的 R_2 和 C,使 $i_2 R_2 \gg U_C$,则 $\mathscr{E}_2 \approx i_2 R_2 = R_2 C \dfrac{\mathrm{d}U_C}{\mathrm{d}t}$ 代入(4.5.2)式得:

$$-N_2 S \frac{\mathrm{d}B}{\mathrm{d}t} = R_2 C \frac{\mathrm{d}U_C}{\mathrm{d}t} \tag{4.5.3}$$

积分得:

$$U_C = \frac{N_2 S}{C R_2} B \tag{4.5.4}$$

(4.5.4)式表明,加在示波器 Y 轴上的电压与样品中的磁感应强度 B 成正比.

将电阻 R_1 两端的电压作为 X 轴的输入电压,此电压正比于样品中的 H;将电容 C 两端的电压作 Y 轴的输入电压,正比于样品中的 B.这样在荧光屏上就能真实地显示出二者的函数关系,即被测样品的磁滞回线.

通过逐渐增大原线圈中的输入电压,使屏上磁滞回线由小到大扩展,可得到若干磁滞回线顶点的位置点,把这些点连成一条线,就是样品的基本磁化曲线.加大磁化磁场强度 H,使铁磁材料达到饱和,也就是说增大磁场强度时磁滞回线的面积基本不再增加,只是回线的顶点向外扩展而已,此时的磁滞回线称为饱和磁滞回线.

3. 磁滞回线的定标

从荧光屏上记下饱和磁滞回线的饱和磁场强度 $\pm H_\mathrm{m}$、饱和磁感应强度 $\pm B_\mathrm{m}$、剩磁 $\pm B_\mathrm{r}$ 和矫顽力 $\pm H_\mathrm{c}$ 对应的格数,为了求它们的实际值,必须对坐标轴按 H、B 值定标.

方法 1:用示波器测量电压对磁滞回线定标.

图 4.5.4 所示,用示波器直接测出 $\pm H_\mathrm{m}$、$\pm B_\mathrm{m}$、$\pm B_\mathrm{r}$ 和 $\pm H_\mathrm{c}$ 对应的电压,再通过(4.5.1)式和(4.5.4)式转换为 H 和 B 的值.

方法 2:用测量的电流值对磁滞回线定标.

对 X 轴用 H 值定标如图 4.5.5(a)所示,调电源电压使示波器水平线的长度与饱和磁滞回线在 X 轴投影长度相等,读出电流有效值,则:

$$\pm H_\mathrm{m} = \pm \frac{\sqrt{2} N_1 I_1}{L} \tag{4.5.5}$$

对 Y 轴用 B 值定标如图 4.5.5(b)所示,把被测样品换成互感,调电压使亮线的长度达到饱和磁滞回线在 Y 轴投影的长度,读出有效值 I_M,则:

$$M \frac{\mathrm{d}I_M}{\mathrm{d}t} = N_2 S \frac{\mathrm{d}B}{\mathrm{d}t} \tag{4.5.6}$$

积分得:

$$M I_{Mm} = N_2 S B_\mathrm{m} \tag{4.5.7}$$

则:

$$\pm B_\mathrm{m} = \pm \frac{M I_{Mm}}{N_2 S} = \pm \frac{\sqrt{2} M I_M}{N_2 S} \tag{4.5.8}$$

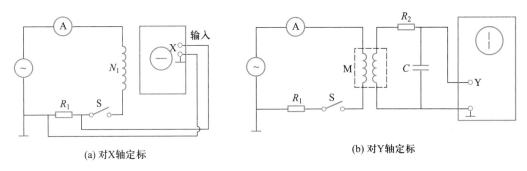

(a) 对X轴定标　　　　　　　　　　　　　　　　(b) 对Y轴定标

图 4.5.5　磁滞回线的定标

【实验仪器】

CZ-2 型磁滞回线装置,可调隔离变压器,双踪示波器,导线等.

【实验内容】

1. 测量基本磁化曲线

把示波器调到校准状态,调偏转因数旋钮使磁滞回线饱和时显示合适的大小,再慢慢降低电压进行交流退磁.逐渐增大变压器电压,每隔 10 V 或 8 V 测一组磁滞回线的顶点坐标,直到磁滞回线饱和,根据顶点坐标作基本磁化曲线.

2. 对坐标轴定标

用两种定标方法测出 $\pm H_{\mathrm{m}}$、$\pm B_{\mathrm{m}}$、$\pm B_{\mathrm{r}}$ 和 $\pm H_{\mathrm{c}}$ 的值,对比两个方法的测量结果,分析误差.

【注意事项】

1. 电路应正确连接,防止烧坏电源和 R_1.
2. R_1 和 R_2 的位置不能互换.
3. 测量前先退磁.

【思考讨论】

1. 测量磁滞回线要使材料达到磁饱和,退磁也应从磁饱和开始,意义何在?
2. 磁滞回线若在第二、第四象限,如何调整到第一、第三象限.
3. R_2 的值为什么不能太小?
4. 如果不用本实验中所用的定标方法,而用交流电压表能否对 H 和 B 进行定标?
5. 用示波器观察 R_1 上的电压是不是正弦规律变化的曲线,为什么?
6. 电源频率对磁滞回线的形状有无影响,为什么?
7. 隔离变压器有何特点?
8. 还可通过哪些方法测量材料的磁滞回线?
9. 实验前为什么要退磁,退磁有哪些方法?

【拓展】

1. 了解 *RL* 微分电路测动态磁滞回线的原理.

2. 了解静态磁滞回线的测量方法有哪些.

实验 4.6　电路故障分析

电路故障分析是综合考查学生电路知识、电流表、电压表特点以及电路中的物理量的规律等知识的一种类型题,也是考查学生解决实验中可能遇到的实际问题的能力的很好的形式,因而是考试中必不可少的题型.电路故障,常见的情况是断路和短路,检验的方法有小灯泡法、电压表法、电流表法、电阻表法.

【实验目的】

1. 了解数字万用表的工作原理及使用方法.

2. 通过实验,掌握检查故障的基本方法和分析故障所遵循的原则,提高学生的实验素质和仪器维修能力.

【实验原理】

电磁学实验中的电路多种多样,出现的故障五花八门,这往往使初学者无从下手,怎样才能迅速地把故障寻找出来及时排除呢? 一般说来,在分析故障时应遵循三项原则:其一,根据现象,缩小范围;其二,追根求源,顺序检查;其三,认真分析,识破假象.同时,还要掌握三种方法:电压表法、电流表法和电阻表法.

1. 三种基本的测量方法

在实际工作和日常生活中,所遇到的故障用万用表即可查出.本实验总结出的三种测量方法就是基于万用表检查故障.实验中遇到的多数是串、并联电路,下面介绍三种方法.

(1) 用电压表检查故障.

首先测量外加电压(即总电压),然后用比例法可确定电路中各电阻两端应该测得多大电压.不正常电压的分析如下.

短路:各电阻上的电压均高于正常值.

断路:由于串联电路被断开,电路中没有电流通过,非断路位点间也就没有电压降.当电压表接到断点两端时,电压表的内阻代替闭合电路,由于电压表内阻很高,它两端测得的电压就是电源电压.

用电压表检查串联电路的故障是最简单的,如果在并联电路中出现了故障,常常无法用电压表方便查出,因为不论并联各支路中任何一个支路电阻有无变化(短路除外),所有并联支路电压相同.

(2) 用电流表检查故障.

由于串联电路中各处电流相等,所以用电流表检查无法确定故障所在处,但电流表可用于并联电路中的故障检查.若故障出在并联支路上,则测量各支路和干路上的电流可确定故障所在之处.用电流表测量时要将电路断开,将电流表串联入电路,因此用电流表检查不太方便.收音机电路常用电流表测量各级工作电流的大小,以判断其工作是否正常.

（3）用电阻表检查故障.

用电阻表检查电路各部分电阻是否完好、线路是否畅通也是常用的比较方便的方法.使用电阻表时一定要将待测电路的电源断开,电阻表不能带电测量.如果测量并联电路的元件电阻,则需将待测元件从并联电路上断开一端,或者测量该并联组合电阻并与计算值相比较,以判断是否存在故障.

2. 分析故障的基本原则

（1）根据现象,缩小范围.

故障发生后,往往出现异常现象,我们可以根据这些现象判断故障的大体部位,以缩小检查范围.

（2）追根求源,顺序检查.

故障范围确定之后,再用顺序检查的方法依次寻找故障.

（3）认真分析,识破假象.

在检查故障时,往往遇到各种各样的现象,只有经过长期摸索,不断积累经验,才能不被假象所迷惑.

【实验仪器】

电路故障分析实验仪,数字万用表,连接线.

【实验内容】

1. 仪器背后插入 220 V 电源线.
2. 打开仪器面板左面电源开关.
3. 先熟悉数字万用表的使用方法(参照数字万用表说明书).
（1）用数字万用表测量直流稳压电源输出电压.

表 4.6.1

电压输出					
测量电压					

分析:测量电压输出时数字万用表如何选择量程和测量方法.
（2）用数字万用表测量电阻.

表 4.6.2

标准电阻					
测量电阻					

分析:测量电阻时数字万用表如何选择量程和测量方法.
（3）用数字万用表测量直流电流.

表 4.6.3

输出电流					
测量电流					

分析:测量电流时数字万用表如何选择量程和测量方法.

（4）伏安特性电路故障检测实验.

1）将故障开关置于最下方.

2）将直流稳压电源输出接入伏安特性 10 V.

分析:

1）根据图 4.6.1 分析故障开关所对应电路图的位置,标出故障开关.

2）分析用什么方法解决所对应的故障.

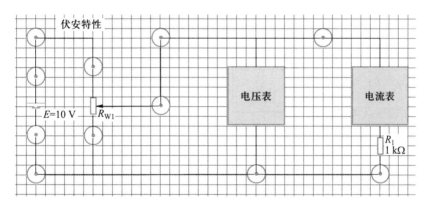

图 4.6.1　伏安特性电路故障检测

（5）电机正反转故障检测实验.

1）将故障开关置于最下方.

2）将直流稳压电源输出接入伏安特性 10 V.

分析:

1）根据图 4.6.2 分析故障开关所对应电路图的位置,标出故障开关.

2）分析用什么方法解决所对应的故障.

（6）分压控制灯故障检测实验.

1）将故障开关置于最下方.

2）将直流稳压电源输出接入伏安特性 10 V.

分析:

1）根据图 4.6.3 分析故障开关所对应电路图的位置,标出故障开关.

2）分析用什么方法解决所对应的故障.

（7）5 V 稳压电源故障检测实验.

1）将故障开关置于最下方.

2）将交流电源 8 V 输出接入 5 V 电源模块输入.

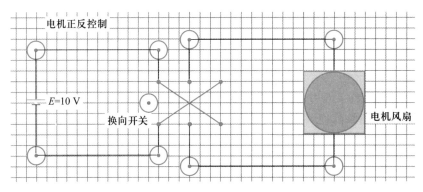

图 4.6.2　电机正反转故障检测

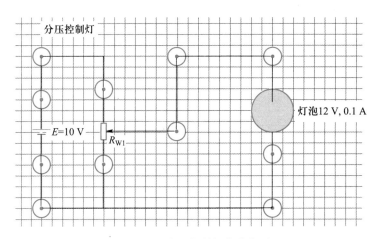

图 4.6.3　分压控制灯故障检测

分析：

1) 根据图 4.6.4 分析故障开关所对应电路图的位置,标出故障开关.

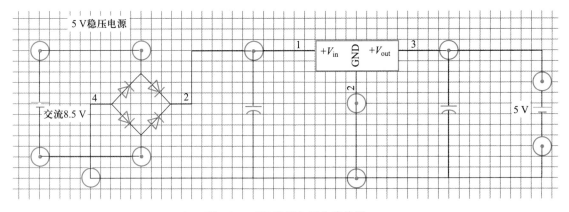

图 4.6.4　5 V 稳压电源故障检测

2）分析用什么方法解决所对应的故障.

【思考讨论】

1. 用数字万用表检测电阻器、电容器、电感器的方法与技巧是什么?
2. 数字万用表与指针万用表电阻挡的红黑表针的电势高低有区别吗?

实验 4.7　磁场的描绘

圆线圈和亥姆霍兹线圈磁场描绘是物理实验教学中重要的实验之一.磁场测量的方法有很多种,常用的有电磁感应法、半导体(霍尔效应)探测法和核磁共振法.在本实验中我们学习电磁感应法测磁场,描绘圆线圈和亥姆霍兹线圈磁场分布等,证明磁场叠加原理.

【实验目的】

1. 学习电磁感应法测量磁场.
2. 测量圆线圈、亥姆霍兹线圈的磁场分布.
3. 观测亥姆霍兹线圈磁场的特点,并研究磁场叠加原理.

【实验原理】

磁感应强度是一个矢量,因此磁场的测量不仅要测出磁感应强度的大小,而且要测出它的方向.本实验采用电磁感应法测量磁感应强度的大小和方向,通过一个小探测线圈中磁通量变化所感生的电动势的大小来测量磁场(见图4.7.1).

当圆线圈中通入正弦交流电后,在它周围空间产生一个按正弦变化的磁场,其值

$$B = B_m \sin \omega t \qquad (4.7.1)$$

线圈轴向上的磁场分布规律符合毕奥-萨伐尔定律:

图 4.7.1　实验仪器

$$B = \frac{\mu_0 N_0 I}{2} \frac{R^2}{(R^2 + x^2)^{\frac{3}{2}}} \qquad (4.7.2)$$

根据(4.7.2)式,在线圈轴线上的 x 点处,B 的峰值

$$B_{mx} = \frac{B_{m0}}{\left[1 + \left(\frac{x}{R}\right)^2\right]^{\frac{3}{2}}} \qquad (4.7.3)$$

磁场测定仪

式中 B_{m0} 是圆心处 B 的峰值.

当把一个匝数为 n,面积为 S 的探测线圈放到 x 处,设此线圈平面的法线方向与磁场方向的夹角为 θ,如图 4.7.2 所示,则通过该线圈的磁通量为

$$\Phi = n\mathbf{S} \cdot \mathbf{B} = nSB \cos \theta = nSB_m \cos \theta \sin \omega t \qquad (4.7.4)$$

在此线圈中感生的电动势为

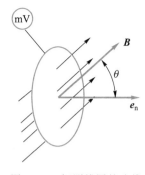

$$\mathscr{E}=-\frac{\mathrm{d}\Phi}{\mathrm{d}t}=-nS\omega B_{\mathrm{m}}\cos\theta\cos\omega t=-\mathscr{E}_{\mathrm{m}}\cos\omega t \quad (4.7.5)$$

式中 $\mathscr{E}_{\mathrm{m}}=nSB_{\mathrm{m}}\omega\cos\theta$ 是感应电动势的峰值.由于探测线圈输出端与毫伏表相接,毫伏表测量的电压是用有效值表示的,因此毫伏表测得的探测线圈输出电压为

$$U=\frac{\mathscr{E}_{\mathrm{m}}}{\sqrt{2}}=\frac{nS\omega B_{\mathrm{m}}}{\sqrt{2}}\cos\theta \quad (4.7.6)$$

图 4.7.2　探测线圈的法线方向与磁场方向间的夹角

由此可见,U 随 $\theta(0\leqslant\theta\leqslant90°)$ 的增加而减小.当 $\theta=0$ 时,探测线圈平面的法线与磁场 B 的方向一致,线圈中的感应电动势达到最大值.

$$U_{\max}=\frac{nSB_{\mathrm{m}}\omega}{\sqrt{2}} \quad \text{或} \quad B_{\mathrm{m}}=\frac{\sqrt{2}}{nS\omega}U_{\max} \quad (4.7.7)$$

由于 n、S 及 ω 均是常量,所以 B_{m} 与 $U_{\max}$ 成正比,因而用毫伏表就能测定磁场的大小.

在实验中,测量点的磁感应强度也通常用有效值表示,则有:

$$B=\frac{B_{\mathrm{m}}}{\sqrt{2}}=\frac{U_{\max}}{nS\omega} \quad (4.7.8)$$

实验中为减少误差,常采用比较法,在圆电流轴线上任一点 x 处测得电压值 $U_{\max}$ 与圆心处 $U_{0\max}$ 值之比

$$\frac{U_{\max}}{U_{0\max}}=\frac{B_{\mathrm{m}x}}{B_{\mathrm{m}0}}=\left[1+\left(\frac{x}{R}\right)^2\right]^{-\frac{3}{2}} \quad (4.7.9)$$

(4.7.9)式表明,$U_{\max}/U_{0\max}$ 和 $B_{\mathrm{m}x}/B_{\mathrm{m}0}$ 的变化规律完全相同.因此,只要实验证明 $\dfrac{U_{\max}}{U_{0\max}}=\left[1+\left(\dfrac{x}{R}\right)^2\right]^{-\frac{3}{2}}$ 成立,也就证明了毕奥-萨伐尔定律的正确性.

磁场的方向如何确定呢? 磁场的方向本来可用探测线圈输出端毫伏表读数最大时探测线圈平面的法线方向来确定磁场方向,但是用这种方法测定的磁场方向误差较大,因为这时磁通量 Φ 变化率小,所产生感生电动势引起毫伏表的读数变化不易察觉.如果这时把探测线圈平面旋转 $90°$,磁场方向与线圈平面法线垂直,那么磁通量变化率最大.线圈方向稍有变化,就能引起毫伏表读数的明显变化,从而测量误差较小.因此,实验中是以毫伏表读数最小时的探测线圈方向来确定磁场的方向.

【实验仪器】

磁场测定仪,磁场描绘仪信号源,探测线圈.

【实验内容】

1. 测量圆电流磁场沿轴线上的分布.

2. 描绘亥姆霍兹线圈的磁场分布,验证磁场叠加原理.

【注意事项】

正确连接线路,避免短路发生.

【思考讨论】

1. 圆电流轴线上的磁场分布有什么特点? 实验中如何测定磁感应强度的大小和方向?
2. 亥姆霍兹线圈能产生强磁场吗? 为什么?
3. 能用霍尔效应或冲击法测此圆电流的磁场吗?

实验 4.8　霍　尔　效　应

置于磁场中的载流体,如果电流方向与磁场方向垂直,则在垂直于电流和磁场的方向上会产生一附加的横向电场,这个现象是霍普斯金大学研究生霍尔于 1879 年发现的,后来被称为霍尔效应.随着半导体物理学的迅速发展,霍尔系数和电导率的测量已成为研究半导体材料的主要方法之一.在工业生产要求自动检测和控制的今天,作为敏感元件之一的霍尔器件,将有更广阔的应用前景.了解这一富有实用性的实验,对日后的工作将有益处.

霍尔效应
简介

【实验目的】

1. 了解霍尔效应实验原理以及有关霍尔元件对材料的要求.
2. 学习用"对称测量法"消除副效应的影响,测量并绘制试样的 $V_H\text{-}I_s$ 和 $V_H\text{-}I_M$ 曲线.
3. 确定试样的导电类型、载流子浓度以及迁移率.

【实验原理】

1. 实验原理

霍尔效应从本质上讲是运动的带电粒子在磁场中受洛伦兹力作用而偏转引起的.当带电粒子(电子或空穴)被约束在固体材料中,这种偏转就导致在垂直电流和磁场的方向上产生正负电荷的聚积,从而形成附加的横向电场,即霍尔电场.对于图 4.8.1 所示的 n 型半导体试样,若在 x 方向的电极 D、E 上通以电流 I_s,在 z 方向加磁场 B,试样中载流子(电子)将受洛伦兹力:

$$F_L = q\bar{v}B \tag{4.8.1}$$

其中 q 为载流子(电子)电荷量,$\bar{v}$ 为载流子在电流方向上的平均定向漂移速率,B 为磁感应强度.

无论载流子是正电荷还是负电荷,F_L 的方向均沿 y 方向,在此力的作用下,载流子发生偏移,则在 y 方向即试样 A、A′ 电极两侧就开始聚积异号电荷,在试样 A、A′ 两侧产生电势差 V_H,形成相应的附加电场 E_H——霍尔电场,相应的电压 V_H 称为霍尔电压,电极 A、A′ 称为霍

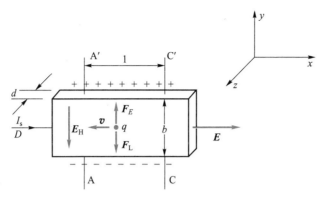

图 4.8.1　n 型半导体试样

尔电极.电场的指向取决于试样的导电类型.n 型半导体的多数载流子为电子,p 型半导体的多数载流子为空穴.对 n 型试样,霍尔电场沿 y 轴反方向,对 p 型试样(见图 4.8.2),霍尔电场沿 y 轴正方向,有

$$I_s(x),B(z)\begin{cases} E_H(y)<0\text{(n 型)} \\ E_H(y)>0\text{ (p 型)} \end{cases}$$

　　显然,该电场是阻止载流子继续向侧面偏移,试样中载流子将受一个与 F_L 方向相反的横向电场力:

$$F_E=qE_H \tag{4.8.2}$$

其中 E_H 为霍尔电场强度.

　　F_E 随电荷积累增多而增大,当达到稳定状态时,两个力平衡,即载流子所受的横向电场力 qE_H

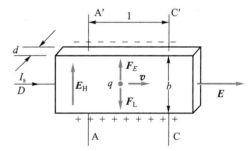

图 4.8.2　p 型半导体试样

与洛伦兹力 $q\bar{v}B$ 相等,样品两侧电荷的积累就达到平衡,故有:

$$qE_H=q\bar{v}B \tag{4.8.3}$$

设试样的宽度为 b,厚度为 d,载流子浓度为 n,则电流 I_s 与 $\bar{v}$ 关系为

$$I_s=nq\bar{v}bd \tag{4.8.4}$$

由(4.8.3)式、(4.8.4)式可得

$$V_H=E_Hb=\frac{1}{nq}\frac{I_sB}{d}=R_H\frac{I_sB}{d} \tag{4.8.5}$$

即霍尔电压 V_H(A、A$'$ 电极之间的电压)与 I_sB 乘积成正比,与试样厚度 d 成反比.比例系数 $R_H=1/(nq)$ 称为霍尔系数,它是反映材料霍尔效应强弱的重要参量.

　　根据霍尔效应制作的元件称为霍尔元件.由(4.8.5)式可知,只要测出 V_H(V)以及知道 I_s(A)、B(Gs)和 d(cm),可按(4.8.6)式计算 R_H(cm^3/C):

$$R_H=\frac{V_Hd}{I_sB}\times10^8 \tag{4.8.6}$$

式中的 10^8 是由于磁感应强度 B 用电磁单位(Gs)而其他各量均采用 CGS 单位而引入的.

　　注:磁感应强度 B 的大小与励磁电流 I_M 的关系由制造厂家给定并标明在实验仪上.

霍尔元件就是利用上述霍尔效应制成的电磁转换元件,对于成品的霍尔元件,其 R_H 和 d 已知,因此在实际应用中(4.8.5)式常以如下形式出现:

$$V_H = K_H I_s B \tag{4.8.7}$$

式中,比例系数 $K_H = \dfrac{R_H}{d} = \dfrac{1}{nqd}$ 称为霍尔元件灵敏度,它表示该器件在单位工作电流和单位磁感应强度下输出的霍尔电压.I_s 称为控制电流.(4.8.7)式中 I_s 的单位为 mA、B 的单位为 kGs、V_H 的单位为 mV,则 K_H 的单位为 mV/(mA·kGs).

K_H 越大,霍尔电压 V_H 越大,霍尔效应越明显.从应用上讲,K_H 越大越好.K_H 与载流子浓度 n 成反比,半导体的载流子浓度远比金属的载流子浓度小,因此用半导体材料制成的霍尔元件,霍尔效应明显,灵敏度较高,这也是一般霍尔元件不用金属导体而用半导体制成的原因.另外,K_H 还与 d 成反比,因此霍尔元件一般都很薄.本实验所用的霍尔元件就是用 n 型半导体硅单晶切薄片制成的.

由于霍尔效应的建立所需时间很短($10^{-14} \sim 10^{-12}$ s),因此使用霍尔元件时用直流电或交流电均可.只是使用交流电时,所得的霍尔电压也是交变的,此时,(4.8.7)式中的 I_s 和 V_H 应理解为有效值.

根据 R_H 可进一步确定以下参量:

(1) 由 R_H 的符号(或霍尔电压的正、负)判断试样的导电类型.

判断的方法是按图 4.8.1 和图 4.8.2 所示的 I_s 和 B 的方向,若测得的 $V_H = V_{AA'} < 0$(即 A 的电势低于 A' 的电势),则 R_H 为负,样品属 n 型,反之则为 p 型.

(2) 由 R_H 求载流子浓度 n.

由比例系数 $R_H = 1/(nq)$ 得

$$n = 1/(\,|R_H|\,q)$$

应该指出,这个关系式是假定所有的载流子都具有相同的漂移速率而得到的,严格地说,考虑载流子的漂移速率服从统计分布规律,需引入 $3\pi/8$ 的修正因子(可参阅黄昆、谢希德所著的《半导体物理学》),但修正因子影响不大,本实验中可以忽略此因素.

(3) 结合电导率的测量,求载流子的迁移率 μ.

由 $j = \sigma E = nq\bar{v}$ 得电导率 σ 与载流子浓度 n 以及迁移率 μ 之间有如下关系:

$$\sigma = nq\mu \tag{4.8.8}$$

结合 $n = 1/(\,|R_H|\,q)$ 得 $\mu = |R_H|\sigma$,通过实验测出 σ 值即可求出 μ.

根据上述可知,要得到大的霍尔电压,关键是要选择霍尔系数大(即迁移率 μ 高、电阻率 ρ 亦较高)的材料.因 $|R_H| = \mu\rho$,就金属导体而言,μ 和 ρ 均很低,而不良导体 ρ 虽高,但 μ 极小,因而上述两种材料的霍尔系数都很小,不能用来制造霍尔器件.半导体 μ 高,ρ 适中,是制造霍尔器件较理想的材料,由于电子的迁移率比空穴的迁移率大,所以霍尔器件都采用 n 型材料,另外,霍尔电压的大小与材料的厚度成反比,因此薄膜型的霍尔器件的输出电压较片状要高得多.就霍尔元件而言,其厚度是一定的,所以实用上采用 K_H 来表示霍尔元件的灵敏度,单位为 mV/(mA·T)或 mV/(mA·kGs).

$$K_H = \frac{1}{nqd} \tag{4.8.9}$$

2. 实验方法

（1）霍尔电压 V_H 的测量.

应该说明,在产生霍尔效应的同时,因伴随着多种副效应,以致实验测得的 A、A′ 两电极之间的电压并不等于真实的 V_H 值,而是包含着各种副效应引起的附加电压,因此必须设法消除.根据副效应产生的机理可知,采用电流和磁场换向的对称测量法,基本上能够把副效应的影响从测量的结果中消除,具体的做法是 I_s 和 B（即 I_M）的大小不变,并在设定电流和磁场的正、反方向后,依次测量由下列四组不同方向的 I_s 和 B 组合的 A、A′ 两电极之间的电压 V_1、V_2、V_3 和 V_4,即:

$$+I_s, +B \longrightarrow V_1$$
$$+I_s, -B \longrightarrow V_2$$
$$-I_s, -B \longrightarrow V_3$$
$$-I_s, +B \longrightarrow V_4$$

然后求上述四组数据 V_1、V_2、V_3 和 V_4 的代数平均值,可得:

$$V_H = \frac{V_1 - V_2 + V_3 - V_4}{4}$$

通过对称测量法求得的 V_H,虽然还存在个别无法消除的副效应,但其引入的误差很小,可以略而不计.

（2）电导率 σ 的测量.

σ 可以通过如图 4.8.1 所示的 A、C（或 A′、C′）电极进行测量,设 A、C 间的距离为 l,样品的横截面积为 $S = bd$,流经样品的电流为 I_s,在零磁场下,测得 A、C（A′、C′）间的电势差为 V_σ（V_{AC}）,可由 (4.8.10) 式求得

$$\sigma = \frac{I_s l}{V_\sigma S} \tag{4.8.10}$$

（3）载流子迁移率 μ 的测量.

电导率 σ 与霍尔系数 R_H 以及迁移率 μ 之间有如下关系:

$$\mu = |R_H| \sigma \tag{4.8.11}$$

霍尔效应实验仪

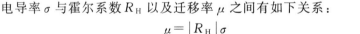 【实验仪器】

TH-H 型霍尔效应实验仪.

【实验内容】

仔细阅读实验仪器使用说明书后,按图 4.8.3 所示连接测试仪和实验仪之间相应的 I_s、V_H 和 I_M 各组连线,I_s 及 I_M 换向开关投向上方,表明 I_s 及 I_M 均为正值(即 I_s 沿 x 方向,$\boldsymbol{B}$ 沿 z 方向),反之为负值.V_H、V_σ 切换开关投向上方测 V_H,投向下方测 V_σ.经教师检查后方可开启测试仪的电源.

必须强调:严禁将测试仪的励磁电源"I_M 输出"误接到实验仪的"I_s 输入"或"V_H、V_σ 输出"处,否则一旦通电,霍尔元件便会损坏!

为了准确测量,应先对测试仪进行调零,即将测试仪的"I_s 调节"和"I_M 调节"旋钮均置零

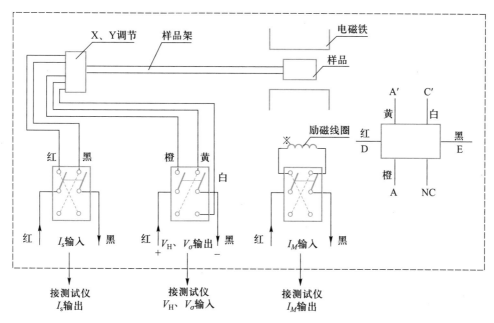

图 4.8.3　接线示意图

位,待开机数分钟后若 V_H 显示不为零,可通过面板左下方小孔的"调零"电位器实现调零.转动霍尔元件探杆支架的旋钮 X、Y,慢慢将霍尔元件移到螺线管的中心位置.

1. 测绘 $V_H - I_s$ 曲线

将实验仪的"V_H、V_σ"切换开关拨向 V_H 侧,测试仪的"功能切换"置于 V_H.保持 I_M 值不变(取 $I_M = 0.6$ A),测绘 $V_H - I_s$ 曲线,记入表 4.8.1 中,并求出斜率,代入(4.8.6)式中求霍尔系数 R_H,再代入(4.8.7)式中求霍尔元件灵敏度 K_H.

<table>
<tr><td align="center">表 4.8.1　$V_H - I_s$ 曲线数据表</td><td colspan="5" align="right">$I_M = 0.6$ A</td></tr>
</table>

I_s/mA	V_1/mV	V_2/mV	V_3/mV	V_4/mV	$V_H = \left(\dfrac{V_1 - V_2 + V_3 - V_4}{4} \right) \bigg/ \mathrm{mV}$
	$+I_s$ 、$+B$	$+I_s$ 、$-B$	$-I_s$ 、$-B$	$-I_s$ 、$+B$	
1.00					
1.50					
2.00					
2.50					
3.00					
4.00					

2. 测绘 $V_H - I_M$ 曲线

实验仪及测试仪各开关位置同上.

保持 I_s 值不变(取 $I_s = 3.00$ mA),测绘 $V_H - I_M$ 曲线,记入表 4.8.2 中.

表 4.8.2　V_H-I_M 曲线数据表　　　　　　　　　$I_s=3.00\ \text{mA}$

I_M/A	V_1/mV $+I_s$、$+B$	V_2/mV $+I_s$、$-B$	V_3/mV $-I_s$、$-B$	V_4/mV $-I_s$、$+B$	$V_H=\left(\dfrac{V_1-V_2+V_3-V_4}{4}\right)\Big/\text{mV}$
0.300					
0.400					
0.500					
0.600					
0.700					
0.800					

3. 测量 V_σ 值

将"V_H、V_σ"切换开关拨向 V_σ 侧,测试仪的"功能切换"置于 V_σ.

在零磁场下,取 $I_s=2.00\ \text{mA}$,测量 V_σ.

注意:I_s 取值不要过大,以免 V_σ 太大,毫伏表超量程(超量程时首位数码显示为1,后三位数码熄灭).

4. 确定样品的导电类型

将实验仪三组双刀开关均投向上方,即 I_s 沿 x 方向,$\boldsymbol{B}$ 沿 z 方向,毫伏表测量电压为 $V_{AA'}$.

取 $I_s=2\ \text{mA}$,$I_M=0.6\ \text{A}$,测量 V_H 的大小及极性,判断样品的导电类型.

5. 求样品的 R_H、n、σ 和 μ

💬 【思考讨论】

1. 列出计算霍尔系数 R_H、载流子浓度 n、电导率 σ 及迁移率 μ 的计算公式,并注明单位.

2. 如已知霍尔样品的工作电流 I_s 及磁感应强度 $\boldsymbol{B}$ 的方向,如何判断样品的导电类型?

3. 在什么样的条件下会产生霍尔电压,它的方向与哪些因素有关?

4. 实验中在产生霍尔效应的同时,还会产生副效应,如何消除副效应的影响?

第五章 光 学 实 验

实验 5.1 薄透镜焦距的测定

透镜是组成光学仪器的最基本的元件,焦距是透镜非常重要的技术参量.根据透镜对平行光线的会聚和发散作用的不同,可将透镜分为会聚透镜和发散透镜.了解透镜的基本性质对光学仪器的调节和应用有很重要的作用.透镜的厚度与其焦距相比一般都很小,这种透镜也称为薄透镜.本实验就介绍测定薄透镜焦距的几种基本方法.

 【实验目的】

1. 掌握光路分析和光具座上各元件的共轴调节.
2. 加深理解薄透镜成像的基本规律.
3. 学会测量薄透镜焦距的几种方法.

【实验原理】

凸透镜可使光线因折射而会聚,称为会聚透镜.凹透镜可使光线因折射而发散,称为发散透镜.

通过透镜两个球面球心的几何直线称为透镜的主光轴.平行于主光轴的平行光经凸透镜折射后会聚于主光轴上的一点,这点就是该透镜的焦点.一束平行于凹透镜主光轴的平行光,经凹透镜折射后成为发散光,将发散光反向延长交于主光轴上的一点,这点称为凹透镜的焦点.从焦点到透镜光心的距离就是该透镜的焦距.

当透镜的厚度与其焦距相比甚小时,这类透镜称为薄透镜.在近轴光线条件下,其成像规律为透镜成像的高斯公式:

$$\frac{1}{s} + \frac{1}{s'} = \frac{1}{f'} \tag{5.1.1}$$

式中 s 为物距,s' 为像距,f' 为透镜的像方焦距,如图 5.1.1 所示.应用(5.1.1)式时,必须注意各物理量所适用的符号法则,这里规定:光线自左向右进行,距离参考点(透镜光心)量起,向左为负,向右为正,即距离与光线进行方向一致时为正,反之为负.运算时,已知量必须添加符号,则求得的薄透镜的像方焦距 f' 的正负表示的物理意义如下:当 $f' > 0$

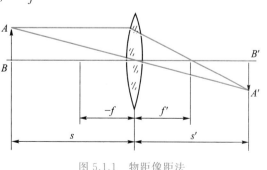

图 5.1.1 物距像距法

时表示薄透镜为薄凸透镜;当 $f'<0$ 时表示薄透镜为薄凹透镜.

必须注意,薄透镜成像公式只有在近轴光线的条件下才能成立.为了满足这一条件,应选用小发光物体,并把它的中心调到透镜的主光轴上,或在透镜前适当位置上加一光阑以挡住边缘光线,使入射到透镜的光线与主光轴夹角很小.对于由几个透镜等元件组成的光路,应使各光学元件的主光轴重合,才能满足近轴光线的要求.

光路共轴等高的调节方法

各光学元件主光轴重合并且平行于光具座的导轨,称为共轴等高.共轴等高的调节是光学实验中必不可少的步骤.

1. 凸透镜焦距测量原理

(1) 物距像距法.

根据(5.1.1)式,只要测出物距 s 和像距 s' 即可求出透镜的焦距 f'.

(2) 自准直法.

如图 5.1.2 所示,把发光物体(物屏)Q 放在凸透镜的焦平面上,物体发出的光线经过透镜折射后成为平行光,如果在透镜 L 后垂直放置一块平面镜 M,平面镜就会将平行光反射回来,反射光再次通过透镜 L,会聚于透镜的焦平面成像 Q′,像与原物大小相等,是倒立的实像.

前后移动透镜的位置,当在物屏上得到清晰倒立的实像时,物屏到透镜中心的距离就是该透镜的焦距.这种方法称为自准直法.

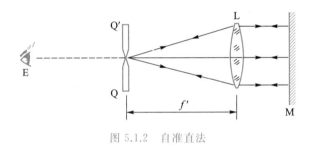

图 5.1.2 自准直法

自准直法也是光学仪器调节中常用的重要方法,如自准直望远镜的调节.

(3) 两次成像法(又称位移法、共轭法).

如图 5.1.3 所示,使物屏与像屏之间的距离 $l>4f'$,沿光轴方向前后移动透镜,可在像屏上观察到一个放大的和一个缩小的倒立的实像.透镜两次成像时的间距为 d.透镜位于位置Ⅰ时和位置Ⅱ时,由光的可逆原理可知 $-s_1=s_2'$,$-s_2=s_1'$,由图中看出 $l=(-s_2)+s_2'$,$d=(-s_2)-s_2'$,

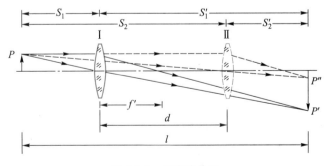

图 5.1.3 两次成像法

可解出 $s_2 = -\dfrac{l+d}{2}, s_2' = \dfrac{l-d}{2}$.将物距、像距代入成像公式(5.1.1)式,可得:

$$f' = \frac{l^2 - d^2}{4d} \qquad (5.1.2)$$

所以只要测出 l 和 d,就可计算出凸透镜的焦距.

2. 凹透镜焦距测量原理

凹透镜是发散透镜,不能对实物成实像,可用一个凸透镜作辅助透镜,利用虚物成实像法来测出凹透镜的焦距,如图 5.1.4 所示.

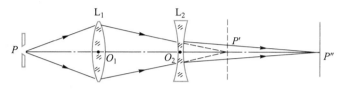

图 5.1.4　虚物成实像法测凹透镜焦距

物点 P 发出的光线经过凸透镜 L_1 之后会聚于像点 P'.将待测凹透镜 L_2 置于 L_1 和 P' 之间,然后移动 L_2 到合适的位置,由于凹透镜具有发散作用,像点 P' 将向后移,所以需把像屏向后移到适当位置 P'' 时才可得到清晰的实像.对于凹透镜 L_2 来说,P' 为虚物点,P'' 为实像点,$|O_2 P'|$ 为物距,$|O_2 P''|$ 为像距,即 $|O_2 P'| = s$,$|O_2 P''| = s'$,由物像公式(5.1.1)式,即可算出凹透镜的焦距 f'.

　【实验仪器】

光具座,凸透镜,凹透镜,光源,物屏,白屏,平面镜等.

【实验内容】

1. 测量凸透镜的焦距

(1)物距像距法.

按图 5.1.1 所示放置物屏、透镜于某一位置,移动像屏,使像最清晰,记录物屏、透镜和像的位置,计算出物距、像距,代入(5.1.1)式算出焦距.

保持物屏位置不变,改变透镜位置重复测量三次,列表记录数据,计算焦距,求其平均值 $\overline{f'}$.

表 5.1.1　物像法测凸透镜焦距　　　　　　　　　　　　　　　　　单位:mm

次数	物位置 x_1	透镜位置 x_2	像位置 x_3	s	s'	f'	$\overline{f'}$
1							
2							
...							

(2)自准直法.

按图 5.1.2 所示放置各光学元件,前后移动透镜,使像最清晰,记录物屏和透镜的位置.保持物屏位置不变,改变透镜位置,重复测量五次,计算焦距,求平均值 $\overline{f}'$.

表 5.1.2　自准直法测凸透镜焦距　　　　　　　　　　　单位:mm

次数	物位置 x_1	透镜位置 x_2	f'	$\overline{f}'$
1				
2				
...				

（3）两次成像法.

按图 5.1.3 所示放置各光学元件,使 $l>4f'$,固定物屏和像屏,前后移动透镜,在像屏上两次得到清晰的像.记录物屏、像屏及透镜两次成像时的位置,计算 l,d,代入(5.1.2)式求出焦距.保持物屏位置不变,改变 l,重复测量三次,列表记录数据,计算焦距,求平均值 $\overline{f}'$.

表 5.1.3　两次成像法测凸透镜焦距　　　　　　　　　　单位:mm

次数	物位置 x_1	像位置 x_2	透镜位置 d_1	透镜位置 d_2	l	d	$f'=\dfrac{L^2-d^2}{4d}$	$\overline{f}'$
1								
2								
...								

2. 测量凹透镜的焦距

按图 5.1.4 所示放置物屏、凸透镜、像屏,前后移动凸透镜,找到光线经凸透镜 L_1 后成的缩小的倒立的实像点 P',然后在凸透镜和像屏之间插入凹透镜 L_2,移动像屏,找到清晰的像点 P'',记录 P'、L_2 和 P'' 的位置,计算出物距 $|O_2P'|$ 和像距 $|O_2P''|$,代入(5.1.1)式,求出凹透镜的焦距.保持 P' 位置不变,改变凹透镜位置,重复测量三次,求出平均值.

表 5.1.4　凹透镜焦距测量　　　　　　　　　　　　　单位:mm

次数	实像点 P' 位置	透镜 L_2 位置	像点 P'' 位置	s	s'	f'	$\overline{f}'$
1							
2							
...							

【思考讨论】

1. 以凸透镜成像为例,分析光源、物、屏和透镜不共轴的危害.

2. 应用自准直法测焦距,有时会产生错觉.当反射镜恰好位于成像平面时,在原物平面上也会得到清晰像.如何排除这种误测现象?

3. 用两次成像法测凸透镜焦距时,为什么物屏和像屏之间的距离 l 一定要大于 $4f'$?

4.你能想出其他测量透镜焦距的方法吗?

实验 5.2　双光干涉实验

波动光学研究光的波动性质、规律及其应用,主要内容包括光的干涉、衍射和偏振.两束光产生干涉的必要条件是:频率相同、振动方向相同、光程差(相位差)恒定.尽管干涉现象多种多样,原理都是一样的,为了满足相干条件,总是把由同一光源发出的光分成两束或两束以上的相干光,使它们各经不同路径后再次相遇而产生干涉.产生相干光的方式有两种:分波阵面法和分振幅法.双棱镜干涉实验和杨氏双缝实验、双面镜实验、劳埃德镜实验一样,都是分波阵面法的双光束干涉,这种干涉和两个相干光源是否实际存在无关,迈克耳孙干涉和牛顿环干涉属于分振幅法的双光束干涉.

【实验目的】

1. 通过杨氏双缝实验、双棱镜干涉实验、劳埃德镜实验三个实验进一步理解光的干涉本质和产生干涉的必要条件.
2. 利用三个实验分别测出光波的波长,比较各自不同的特点.

练习一　杨氏双缝实验

【实验原理】

在一定条件下两束光相互重叠时,会出现明暗相间的条纹,这种重叠光束相互加强和相互减弱的现象称为光的干涉现象.只有相干光才能产生干涉,因此在实验时,总是利用各种方法从同一光源获得两束相干光来产生干涉现象.1801 年英国物理学家托马斯·杨(Thomas Young,1773—1829)首先以极简单的装置获得了光的干涉条纹,开创了分波阵面法得到相干点、缝光源的先例.杨氏双缝实验的装置如图 5.2.1 所示:用单色光源照亮一狭缝 S,在 S 后面放两个靠得很近的相互平行的狭缝 S_1 和 S_2,在较远的接收屏上即可观察到明暗相间的干涉条纹.

在图 5.2.1 中,$r_1'=r_2'$.当 $d\ll D$,$x\ll D$ 时,两束光的光程差

$$\Delta=r_2-r_1\approx d\sin\theta\approx d\frac{x}{D} \tag{5.2.1}$$

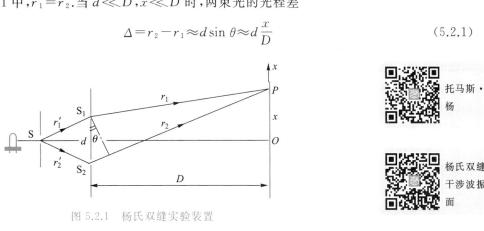

图 5.2.1　杨氏双缝实验装置

托马斯·杨

杨氏双缝干涉波振面

当 $\Delta = k\lambda$ 时为明条纹,代入(5.2.1)式可得明条纹的位置为

$$x_{k明} = k\frac{D}{d}\lambda \quad (k = 0, \pm 1, \pm 2, \cdots) \tag{5.2.2}$$

当 $\Delta = \frac{1}{2}(2k+1)\lambda$ 时为暗条纹,代入(5.2.1)式可得暗条纹的位置为

$$x_{k暗} = \left(k + \frac{1}{2}\right)\frac{D}{d}\lambda \quad (k = 0, \pm 1, \pm 2, \cdots) \tag{5.2.3}$$

由(5.2.2)式和(5.2.3)式可知,相邻明条纹或相邻暗条纹的间距皆为

$$\Delta x = x_{k+1} - x_k = \frac{D}{d}\lambda \tag{5.2.4}$$

则
$$\lambda = \frac{d}{D}\Delta x \tag{5.2.5}$$

所以,只要测出两狭缝的间距 d,双缝到屏的距离 D 以及明条纹或暗条纹的间距 Δx,代入(5.2.5)式,就可求出入射光的波长.

【实验仪器】

钠光灯,单缝,双缝,读数显微镜,测微目镜等.

【实验内容】

1. 把各仪器按图 5.2.1 所示依次放置于光具座上,用测微目镜代替光屏,调节仪器共轴等高.

2. 调节单缝与双缝平行,调整单缝的宽度,直到在测微目镜中能看到清晰干涉条纹.测量明条纹或暗条纹的间距 Δx、双缝到测微目镜的距离 D.

3. 用读数显微镜测量双缝的间距 d.

4. 把测出的各量代入(5.2.5)式,求出钠光波长.

练习二　双棱镜干涉实验

 【实验原理】

本实验是利用双棱镜分割波阵面来产生两束相干光的,在历史上这个实验曾是证明光的波动性的典型实验.

实验装置如图 5.2.2 所示,单色或准单色光源 M 发出的光照明一个取向和缝宽均可调节的狭缝 S,使 S 成为一个线光源,经双棱镜折射后,成为两束相互重叠的光束,它们好像是由与狭缝处于同一平面上的两个虚像 S_1 和 S_2 发出的一样.由于这两束光来自同一光源,与杨氏双缝所发出的两束光相似,满足相干条件,因而在该两束光的交叠区内产生干涉现象.如果将光屏或测微目镜置于干涉区域中的任何地方,则光屏上或测微目镜中将出现明暗交替的干涉条纹.因为干涉条纹间距很小,在光屏上的这种条纹很难分辨,所以一般采用测微目镜或显微镜来观察.设入射光的波长为 λ,两虚光源 S_1 和 S_2 间的距离为 d,狭缝平面到观察屏的距离为 D.则由(5.2.5)式,测出 d、D 和 Δx,就可计算出光波波长.

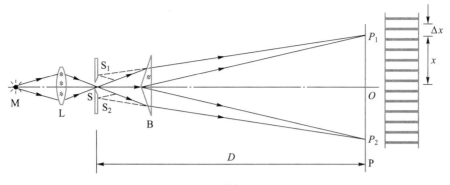

图 5.2.2　双棱镜干涉实验

其中,d 的测量用两次成像法,如图 5.2.3 所示,在双棱镜和测微目镜之间放置一焦距为 f' 的凸透镜,当 $D>4f'$ 时,前后移动透镜,可有两个位置使虚光源成像于测微目镜中.图 5.2.4 为两次成像光路图,当 L 在位置 I 时,得到放大实像 d_1;L 在位置 II 时,得到缩小实像 d_2.从几何关系知 $\dfrac{d}{d_1}=\dfrac{a_1}{b_1}$,$\dfrac{d}{d_2}=\dfrac{a_2}{b_2}$,当物和屏位置不变时,从共轭成像关系可知 $a_1=b_2$,$a_2=b_1$,所以有 $\dfrac{d}{d_1}=\dfrac{d_2}{d}$,从而得出 $d=\sqrt{d_1 d_2}$.用测微目镜测出 d_1 和 d_2 后,代入上式即可求出两虚光源之间的距离.

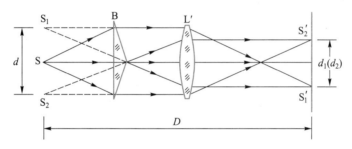

图 5.2.3　两次成像法测虚光源距离

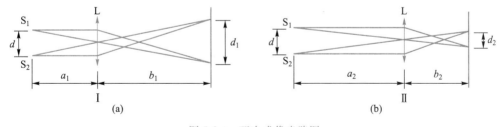

图 5.2.4　两次成像光路图

【实验仪器】

光具座,钠光灯,可调狭缝,双棱镜,测微目镜,辅助透镜(两片),白屏等.

菲涅耳双棱镜是一顶角接近 180° 的三棱镜,它相当于由两个底面相接、棱角很小的直角棱镜拼接而成.

【实验内容】

1. 调节光路

（1）将单色光源 M、会聚透镜 L、狭缝 S、双棱镜 B 与测微目镜 P,依次放置在光具座上,调节各仪器使其共轴等高.

（2）点亮钠光灯,通过透镜均匀照亮狭缝,调节双棱镜或狭缝使单缝射出的光束能对称地照射在双棱镜钝角棱的两侧.调节测微目镜,在视场中找到一条亮带或干涉条纹,使其置于视场中央.

（3）使狭缝的中心线与双棱镜的棱脊严格平行,在保证视场明亮不影响条纹观察的前提下,使狭缝的宽度尽量小些,便可在目镜视场中看到清晰明暗相间的干涉条纹.若条纹数目少,可增加双棱镜与狭缝间的距离,一直到能观察十个条纹以上.

2. 测量数据

（1）测 Δx.

为了提高测量的精度,用测微目镜测出 n 个条纹间隔的距离,除以 n,求得 Δx,测三次,求平均值.

（2）测 D.

用米尺测出狭缝到测微目镜叉丝平面之间的距离.因为狭缝平面和测微目镜叉丝平面均不和光具座滑块的读数准线共面,在测量时应引入相应的修正,测三次,求平均值.

（3）测 d.

使狭缝与双棱镜间的距离保持不变,使狭缝与测微目镜的距离 D' 大于 $4f'$,移动透镜,用测微目镜分别测出放大像之间的距离 d_1 和缩小像之间的距离 d_2.分别测量三次,并求出平均值,代入公式求出 d.

（4）由以上数据求出钠光的波长并计算测量误差.

【思考讨论】

1. 在双棱镜干涉实验中,调节仪器使干涉条纹清晰的主要步骤是什么?

2. 在双棱镜干涉实验中,当测完条纹的间距后,再测量两虚光源之间的距离时,测微目镜能否改变位置?

3. 干涉条纹的宽度是由哪些因素决定的? 当狭缝和双棱镜之间的距离加大时,干涉条纹是变宽还是变窄? 用公式加以说明.

4. 在双棱镜和光源之间为什么要放置一个狭缝? 说明狭缝宽度对干涉条纹的影响.

实验 5.3　等厚干涉现象的研究

日常生活中我们能见到诸如肥皂泡呈现的五颜六色、雨后路面上油膜的多彩图样、蝴蝶翅膀和孔雀身上的颜色等都是光的干涉现象,都可以用光的波动性来解释.

要观察光的干涉图像,必须获得相干光.目前一般有两种获得相干光的方法——分波阵面法和分振幅法.最典型的分振幅干涉装置是薄膜干涉,它利用了透明薄膜的上下表面对入射光的反射、折射,将入射能量(也可以说振幅)分成若干部分,然后在空间相遇而形成干涉现象.薄膜干涉一般分为等厚干涉和等倾干涉.等厚干涉是由平行光入射到厚度变化均匀、折射率均匀的薄膜上、下表面而形成的干涉条纹,同一级干涉条纹总是由薄膜厚度相同的地方形成,故称等厚干涉.利用光的等厚干涉可以测量光的波长,检验表面的平面度、球面度、光洁度以及精确测量长度、角度和微小形变等.牛顿环和楔形薄膜干涉都属于等厚干涉.

【实验目的】

1. 加深对等厚干涉现象的理解.
2. 利用牛顿环测透镜球面的曲率半径.
3. 利用光的劈尖干涉测细丝直径(或微小厚度).

【实验原理】

1. 牛顿环

牛顿环是牛顿于 1657 年在制作天文望远镜时,偶然将一个望远镜的物镜放在平板玻璃上发现的.将一曲率半径相当大的平凸透镜放在一平板玻璃的上面即构成一个牛顿环仪,如图 5.3.1 所示.

在透镜的凸面与平板玻璃之间形成以接触点 O 为中心向四周逐渐增厚的空气薄膜,离 O 点等距离的地方厚度相同.等厚膜的轨迹是以接触点为中心的圆.若以波长为 λ 的单色光垂直照射到该装置上时,其中有一部分光线在空气膜上表面反射,一部分在空气膜下表面反射,因此产生两束具有一定光程差的相干光,当它们相遇后就产生干涉现象.因为在膜厚度相同的地方具有相同的光程差,所以形成的干涉条纹为膜的等厚各点的轨迹.当在反射方向观察时,将会看到一组以接触点为中心的明暗相间的圆环形干涉条纹,且中心是一暗斑,如图 5.3.2(a)所示.如果在透射方向观察,则看到的干涉条纹与反射光的干涉条纹的光强分布恰为互补,中心是亮斑,原来的亮环处变为暗环,暗环处变为亮环,如图 5.3.2(b)所示.这种干涉现象是牛顿最早发现的,故称为牛顿环.

牛顿环

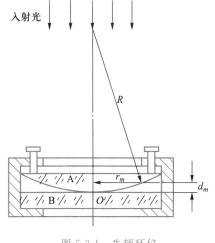

图 5.3.1　牛顿环仪

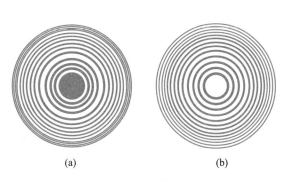

(a)　　　　　　(b)

图 5.3.2　干涉条纹

设透镜的曲率半径为 R，第 m 级干涉圆环的半径为 r_m，其相应的空气膜厚度为 d_m，则空气膜上、下表面反射光的光程差为

$$\Delta = 2nd_m + \frac{\lambda}{2} \tag{5.3.1}$$

其中，$\frac{\lambda}{2}$ 是由于光在空气膜下表面反射因半波损失引起的附加光程差.由图 5.3.1 所示的几何关系可知：$R^2 = (R-d_m)^2 + r_m^2 = R^2 - 2Rd_m + d_m^2 + r_m^2$，因 $R \gg d_m$，故可以略去二级无穷小量 d_m^2，则有

$$d_m = \frac{r_m^2}{2R} \tag{5.3.2}$$

当 $\Delta = (2m+1)\frac{\lambda}{2}$ 时，即得反射光相消条件，代入(5.3.1)式得：

$$2nd_m + \frac{\lambda}{2} = (2m+1)\frac{\lambda}{2} \tag{5.3.3}$$

因空气的折射率 n 近似为 1，把(5.3.2)式代入并化简得：

$$r_m^2 = mR\lambda \quad \text{或} \quad r_m = \sqrt{mR\lambda} \tag{5.3.4}$$

由(5.3.4)式可见，暗环半径 r_m 与 m 和 R 的平方根成正比，随 m 的增大，环纹越来越密，而且越来越细.只要测出第 m 级暗环的半径，便可算出曲率半径 R.但是在透镜与平板玻璃接触处，由于接触压力引起的形变，使接触处为一圆面.牛顿环的中心不是一个理想的接触点，而是一个不甚清晰的暗或明的圆斑.有时因镜面有尘埃存在，难以准确判定级数 m 和测量 r_m.为了获得比较准确的测量结果，可以用两个暗环的干涉级次之差和半径 r_m 和 r_n 的平方差来计算曲率半径.

因为 $r_m^2 = mR\lambda$，$r_n^2 = nR\lambda$，所以有 $r_m^2 - r_n^2 = (m-n)R\lambda$，则

$$R = \frac{r_m^2 - r_n^2}{(m-n)\lambda} \tag{5.3.5}$$

因为 m 和 n 具有相同的不确定性，利用 $m-n$ 这一相对级次恰好消除由绝对级次的不确定性带来的误差.测量中很难确定牛顿环中心的确切位置，所以可用测量直径 D_m 和 D_n 来代替半径 r_m 和 r_n，即有

$$R = \frac{D_m^2 - D_n^2}{4(m-n)\lambda} \tag{5.3.6}$$

这就是本实验测量平凸透镜曲率半径的公式.不难证明，即使测量的不是直径，而是同一直线上的弦长，(5.3.6)式仍然成立.

2. 劈尖干涉

将两块光学平板玻璃叠合在一起，在一端放入一薄片或细丝，则在两块平板玻璃之间形成一空气劈尖，当用单色光垂直照射时，在空气劈尖的上、下表面反射的两束相干光相遇时发生干涉.在空气劈尖厚度为 e 处，两束反射光的光程差为 $\Delta = 2ne + \frac{\lambda}{2}$，其中 $\frac{\lambda}{2}$ 为由于光在空气劈尖下表面反射因半波损失而引起的附加光程差.干涉条纹形成在空气劈尖上表面附近，是一组与玻璃板交线相平行的等宽、等间距的明暗相间的平行直条纹，如图 5.3.3(a)所示.

(1) 利用等厚干涉测微小长度.

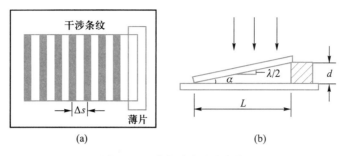

图 5.3.3　劈尖干涉干涉条纹

由干涉条件可知两相邻明(或暗)条纹所对应的空气膜的厚度差为 $\Delta e = e_{k+1} - e_k = \dfrac{\lambda}{2}$，如果由两玻璃交线处到细丝处的劈尖面上共有 N 条干涉条纹，则细丝的直径为

$$d = N \cdot \frac{\lambda}{2} \tag{5.3.7}$$

用 α 表示空气劈尖的夹角、s 表示相邻 m 个暗纹间的水平距离、L 表示劈尖的总长度，则易知相邻 m 个暗纹对应的空气层厚度差为

$$\Delta d = m \cdot \frac{\lambda}{2} \tag{5.3.8}$$

根据三角形相似原理，很容易得到：$\alpha \approx \tan \alpha = \dfrac{m\lambda/2}{s} = \dfrac{d}{L}$，则细丝的直径为

$$d = \frac{L}{s} \cdot \frac{m\lambda}{2} \tag{5.3.9}$$

由(5.3.9)式可知，如果能数出空气劈尖上总的暗纹条数，或测出劈尖的总长度 L 和相邻 m 个暗纹间的水平距离 s，都可以测定细丝直径 d.

（2）利用等厚干涉测量微小角.

若测出两相邻明(或暗)条纹之间的距离 Δs，则，$\Delta s = \dfrac{\Delta e}{\sin \alpha} = \dfrac{\lambda}{2\sin \alpha}$，由此可得：

$$\alpha = \arcsin\left(\frac{\lambda}{2 \cdot \Delta s}\right) \tag{5.3.10}$$

【实验仪器】

钠光灯，读数显微镜，牛顿环仪，劈尖，米尺等.

【实验内容】

1. 用牛顿环测透镜表面的曲率半径

（1）轻微转动牛顿环仪圆形框架上面的三个调节螺钉，使干涉条纹的中心大致固定在平凸透镜的光轴上，但是绝不要将这三个螺钉拧得太紧，以免玻璃破碎.

（2）把牛顿环仪放到显微镜的载物台上.点亮钠光灯，调节镜筒处于刻度尺的中间位置，并调节镜筒上反射镜的倾斜度和左右方位，直到显微镜视场中出现明亮的黄斑.

（3）调节读数显微镜,直至能看清十字叉丝和清晰的干涉条纹.使十字叉丝的其中一条与固定直尺平行并通过牛顿环的中心.

（4）转动测微鼓轮使十字叉丝从牛顿环的中心（0 级）开始向左（右）移动,直到十字叉丝的竖线推移到左（右）侧的第 14 级暗环的外侧,反向转动鼓轮,向右（左）移动读十字叉丝,把十字叉丝的竖线移到第 14 级暗环（为了消除回程误差）,记录此刻读数.依次测出直到左（右）边第 3 级暗环位置的读数.再继续向右（左）转动鼓轮,使镜筒沿圆心依次测出右（左）侧第 3 级至第 14 级暗环的位置.某环的左右位置之差即为该环的直径.

（5）用逐差法和作图法计算平凸透镜的曲率半径.

2. 用劈尖干涉法测量细丝（或薄膜）直径

（1）将被测细丝（或薄膜）夹在两块玻璃板之间,然后置于读数显微镜载物台上.

（2）调节读数显微镜,观察空气劈尖的等厚干涉条纹.

（3）测出某长度内 L_x 的干涉条纹数 m,得出相邻两暗纹间的距离 $\Delta s = \dfrac{L_x}{m}$,然后根据细丝与空气劈尖棱边的距离 L（用读数显微镜测得）即可按(5.3.9)式和(5.3.10)式分别计算得细丝的直径 d 和空气劈尖的夹角 α.

💬 【思考讨论】

1. 透射光能否形成牛顿环? 它和反射光所形成的牛顿环有什么区别?

2. 牛顿环的中心不在牛顿环仪的中心时,对测量结果有什么影响?

3. 用平凹透镜与平板玻璃组成的牛顿环仪,其测量平凹透镜的曲率半径公式是什么形式? 牛顿环的零级在什么位置?

4. 如何利用牛顿环检验光学器件表面的质量?

5. 用白光照射时能否看到牛顿环和劈尖干涉条纹? 此时的条纹有何特征?

实验 5.4　迈克耳孙干涉仪的调节和使用

迈克耳孙

迈克耳孙干涉仪是 1883 年美国物理学家迈克耳孙制成的一种精密干涉仪,是一种典型的分振幅法产生双光束干涉的仪器,在科学研究和光学精密测量方面有广泛的应用.通过该实验熟悉迈克耳孙干涉仪的结构及调节方法,学会观察等倾及等厚干涉现象,学会测量激光、钠黄光的波长,钠光 D 双线的波长差.

📍 【实验目的】

1. 了解迈克耳孙干涉仪的原理及结构.

2. 掌握迈克耳孙干涉仪的调节,掌握其使用方法.

3. 观察各种干涉现象,并能利用等倾条纹的变化测量光波波长.

4. 测量钠光双线的波长差,加深对时间相干性的理解.

⚙【实验原理】

1. 仪器介绍

迈克耳孙干涉仪的构造如图 5.4.1 所示.整个仪器的最下面是底座 4,它由三只调平螺钉支撑,调平后可以拧紧以保持底座稳定.M_1 与 M_2 是互相垂直的两块平面反射镜,它们的背面都装有三个调节螺钉,用来调节镜面的方位.M_2 是固定不动的,在它的镜座上还装有两个微调螺钉,可对 M_2 镜的水平及竖直方位进行微调.M_1 是一面可在导轨上前后移动的平面镜,通过传动系统与精密丝杆相连.仪器前面装有粗动手轮 9,仪器右侧装有一微动手轮 8,转动粗动手轮或微动手轮都可使丝杆转动,从而使平面镜 M_1 沿着平直导轨 5 移动.转动粗动手轮可使 M_1 在平直导轨上较快地移动,转动微动手轮可使 M_1 缓慢地移动.平面镜 M_1 的位置可由导轨左侧的毫米标尺(最小刻度 1 mm)、正前方的读数窗口(最小刻度为 0.01 mm)和微动手轮上(最小刻度为 0.000 1 mm)读出,三部分读数之和即平面镜 M_1 的位置刻度,最小读数应估读到 10^{-5} mm.G_1 是一块分光板,在它的后表面镀有半透膜,它与平直导轨的方向成 45°角.G_2 是一块补偿板,它与 G_1 的大小、形状、厚度、折射率完全相同,而且与 G_1 严格平行,但它的后表面没有半透膜.

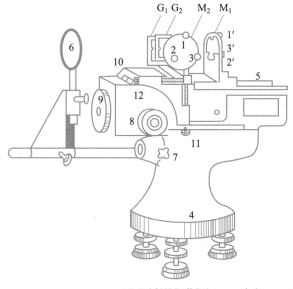

1、2、3、1′、2′、3′— 平面反射镜调节螺钉;4—底座;5—平直导轨;
6—观察毛玻璃屏;7—锁紧螺钉;8—微动手轮;9—粗动手轮;
10—刻度盘观察窗;11—镜竖直微调螺钉;12—镜水平调节螺钉;
G_1—分光板;G_2—补偿板;M_1、M_2—平面反射镜.

图 5.4.1 迈克耳孙干涉仪的构造

2. 迈克耳孙干涉仪的光路及干涉原理

迈克耳孙干涉仪的光路如图 5.4.2 所示.G_1 的半透膜将入射光束分成振幅几乎相等的两束光(1)和(2).一束反射,一束折射,光束(1)经 M_1 反射后穿过 G_1,到达观察屏 E;光束(2)经 M_2 反射后再经 G_1 的后表面反射后也到达 E,与光束(1)会合并干涉,在 E 处可以看到干涉条纹.玻璃板 G_2 起补偿光程的作用,由于光线(1)前后通过玻璃板 G_1 三次,而光线(2)只通过 G_1 一次,

有了玻璃板 G_2,使光线(1)和光线(2)分别穿过等厚的玻璃板三次,从而避免光线所经路程不相等,而引起较大的光程差.因此,称 G_2 为补偿板.图 5.4.2 中 M_2' 是 M_2 通过 G_1 反射面所成的虚像,因而两束光在 M_1 与 M_2 上的反射,就相当于在 M_1 与 M_2' 上的反射.这种干涉现象与厚度为 d 的空气薄膜产生的干涉现象等效.改变 M_1 与 M_2' 的相对方位,就可得到不同形式的干涉条纹.M_1 和 M_2 严格垂直,即 M_1 与 M_2' 严格平行时,可产生等倾干涉条纹,当 M_1 与 M_2' 接近重合,且有一微小夹角时,可得到等厚干涉条纹.

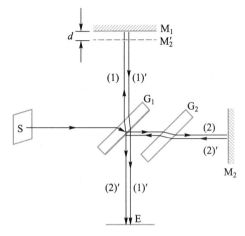

图 5.4.2 迈克耳孙干涉仪的光路

当两反射镜 M_1 与 M_2 严格垂直时,M_1 与 M_2' 相互平行,对于入射角为 θ 的光线,自 M_1 和 M_2' 反射的两束光的光程差为

$$\Delta = 2d\cos\theta \tag{5.4.1}$$

式中 d 为 M_1 与 M_2' 的距离,θ 为光(1)在 M_1 上的入射角.当空气膜厚度 d 一定时,(1)、(2)两束光线的光程差仅取决于入射角 θ.有相同的入射角 θ,就有相同的光程差 Δ.θ 的大小,就决定了干涉条纹的明暗性质和干涉级次.这种仅由入射倾角决定的干涉称为等倾干涉,其干涉条纹是一系列与不同倾角 θ 相对应的同心圆环.其中亮条纹与暗条纹所满足的条件是

$$\Delta = 2d\cos\theta = \begin{cases} k\lambda & 亮条纹 \\ (2k+1)\lambda/2 & 暗条纹 \end{cases} \quad (k=0,1,2,3,\cdots) \tag{5.4.2}$$

当 $\theta=0$ 时,光程差 $\Delta=2d$,对应于中心处垂直于两镜面的两束光具有最大的光程差.因而中心条纹的干涉级次 k 最高,偏离中心处,条纹级次越来越低.

由式(5.4.2)可以看出,当 d 变大时,要保持光程差不变(即 k 不变),必须使 $\cos\theta$ 减小,即 θ 增大.所以,逐渐增大 d 时,可看到干涉条纹向外扩张,条纹逐渐变密变细,同时中心会有高一级的条纹冒出.每当 d 增大 $\dfrac{\lambda}{2}$ 时,就从中心冒出一个圆环.反之,当 d 逐渐减小时,干涉圆环的半径会逐渐减小,条纹会不断向里收缩,条纹逐渐变疏变粗.每当 d 减少 $\dfrac{\lambda}{2}$ 时,就有一个圆环陷入.若转动微动手轮,缓慢移动 M_1 镜,使视场中心有 N 个条纹冒出或陷入,则动镜 M_1 移动的距离为

$$\Delta d = N\frac{\lambda}{2}$$

所用光源的波长 λ 为

$$\lambda = \frac{2\Delta d}{N} \tag{5.4.3}$$

3. 在迈克耳孙干涉仪上观察不同定域状态的干涉条纹

(1)点光源产生的非定域干涉.

由干涉理论可知,两个相干的单色点光源发出的球面波在空间相遇会产生非定域干涉条

纹.用一个毛玻璃屏放在两束光交叠的任意位置,都可接收到干涉条纹.一束 He‐Ne 激光经一个短焦距透镜(扩束器)会聚后,可认为是一个很好的点光源,如图 5.4.3 所示.

点光源 S 经 M_1、M_2 反射后,在 E 处产生的干涉就好比由虚点光源 S_1 和 S_2 产生的干涉.其中 S_1 是点光源 S 经 G_1 和 M_1 镜反射而成的虚像,S_2 相当于 S 由 G_1 和 M_2' 镜面反射所成的虚像.当 M_1 与 M_2' 平行时,在毛玻璃屏 E 处就可观察到点光源产生的非定域的同心圆环.

(2) 扩展面光源产生的定域干涉.

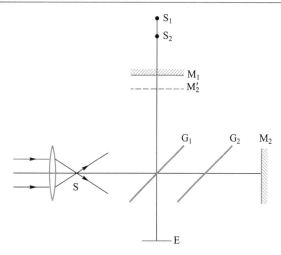

图 5.4.3　点光源产生的非定域干涉

当使用扩展面光源(如钠灯、低压汞灯加上一块毛玻璃)作为光源照明迈克耳孙干涉仪时,面光源上的每一点都会在观察屏 E 上产生一组干涉条纹.面光源上无数个点光源在观察屏的不同位置产生无数组干涉条纹,这些干涉条纹非相干叠加的结果,使得观察屏 E 上出现一片均匀的光强,看不清干涉条纹.此时只有在干涉场的某一特定区域,才可观察到清晰的干涉条纹,这种干涉称为定域干涉,这一特定区域称为干涉条纹的定域位置.当 M_1 与 M_2' 平行时,条纹的定域位置出现在无穷远处,若在 E 处放凸透镜,则干涉条纹出现在透镜的焦平面上.观察这种条纹时,应去掉观察屏,用眼睛直接通过干涉仪的 G_1 向 M_1 方向望进去,在无穷远处可看到清晰的同心圆环.当眼睛上下左右移动时,干涉条纹不会有冒出或陷入的现象,干涉条纹的圆心随着眼睛的移动而移动,但各圆的直径不发生变化,这样的干涉条纹才是严格的等倾干涉条纹.

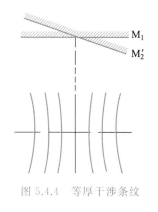

图 5.4.4　等厚干涉条纹

当 M_1 与 M_2' 非常接近时,微调 M_2',使 M_2' 与 M_1 之间有一个微小的夹角,此时在镜面 M_1 附近可观察到等厚干涉条纹.它们的形状如图 5.4.4 所示,在 M_1 与 M_2' 的交棱附近的条纹是近似平行于交棱的等间距直线,在偏离交线较远的地方,干涉条纹呈弯曲形状,凸面对着交棱.这种等厚干涉条纹定域在薄膜表面附近,因而观察时人眼应调焦在反射镜 M_1 附近.

若利用白光加毛玻璃作为光源,可观察到彩色条纹.因为白光是复色光,它的干涉条纹只能在 M_1 与 M_2' 重合位置(等光程)附近出现,因而只有几条彩色干涉条纹.

4. 利用迈克耳孙干涉仪测定钠光的波长差

用钠光加一块毛玻璃作为扩展面光源,在迈克耳孙干涉仪上调出等倾干涉条纹后,如不断转动微动手轮,即改变两束光的光程差,可以发现在无限远处的干涉条纹有时清晰,有时模糊,甚至当 d 变化到一定数值时,会完全看不到条纹;再继续改变 M_1 的位置时,条纹又会慢慢清晰起来,即干涉条纹的可见度周期性地变化.这是因为钠光包含有波长差为 $\Delta\lambda$ 的两个波长 λ_1 和 λ_2,这两个波长的光在无穷远处各自产生一套干涉条纹.它们相互叠加的结果,会使条纹的清晰度发生周期性的变化.当光程差为 λ_1 和 λ_2 的不同整数倍时,即 $\Delta = k_1\lambda_1 = k_2\lambda_2$ 时,波长为 λ_1 的光产生亮条纹的地方,也是波长为 λ_2 的光产生亮条纹的位置,此时干涉条纹最清晰.而当光程差为 λ_1 的整数倍,但又是 λ_2 的半波长的奇数倍时,即 $\Delta=k_1\lambda_1=(2k_2+1)\dfrac{\lambda_2}{2}$ 时,波长为 λ_1 的光产生亮条纹的地方,正好是波长为 λ_2 的光产生暗条纹的地方,此时干涉条纹叠加的结果,使干涉条纹变模糊.若波长为 λ_1 与 λ_2 的光的光强相等,则条纹的可见度几乎为零,视场里出现一片均匀的黄光,看不到条纹.从某一可见度最清晰到下一个可见度最清晰的间隔,也是从某一可见度为零到下一个可见度为零的间隔,两束光光程差的变化为

$$\Delta L=2\Delta d=k\lambda_1=(k+1)\lambda_2$$

式中 Δd 是反射镜 M_1 移动的距离,即视场的可见度由清晰—模糊—再清晰变化一周期时反射镜 M_1 移动的距离.

因而 $\dfrac{\lambda_1-\lambda_2}{\lambda_2}=\dfrac{1}{k}=\dfrac{\lambda_1}{2\Delta d}$,所以波长差:

$$\Delta\lambda=\lambda_1-\lambda_2=\dfrac{\lambda_1\cdot\lambda_2}{2\Delta d}\approx\dfrac{(\bar\lambda)^2}{2\Delta d} \tag{5.4.4}$$

式中 $\bar\lambda$ 为钠黄光双线的平均波长,一般取为 589.3 nm.

【实验仪器】

迈克耳孙干涉仪,He-Ne 激光器,钠光灯,扩束透镜等

【实验内容】

1. 调节迈克耳孙干涉仪

(1) 先粗调底座下方三只调平螺钉,使仪器大致水平.调节 M_1、M_2 后面的三个调节螺钉及 M_2 镜座上的两个微调弹簧螺钉,使它们均处在适中的位置.调节 M_1 的位置,使 M_1 到分光板 G_1 的距离大致与 M_2 到 G_1 的距离相等.

(2) 调节 He-Ne 激光器,使之水平,使光束与 M_2 大致垂直.调节 M_1 后面的三个螺钉,使由 M_1 反射的最亮点与激光器的发光点重合,再调节 M_2 后面的三个螺钉,使 M_2 反射的最亮点也与激光器的发光点重合.此时,在观察屏上一般就能看到小范围的条纹,表明 M_1 与 M_2 镜已经互相垂直,干涉仪已基本调好.注意,调节 M_1 与 M_2 时,三个螺钉要适当调整,不能只拧某一个螺钉,不可将螺钉拧得过紧,也不可完全松开.

(3) 在激光器后,分光板 G_1 前,放入扩束透镜,使激光束充满 G_1,在观察屏上,就可看到同心圆条纹,这就是点光源产生的非定域干涉条纹.若干涉条纹的圆心不在观察屏中心,可以调节 M_2 下方的两个微调螺钉,旋转竖直方向的螺钉,可以使圆心在竖直方向上移动,旋转水平方向的螺钉,可以使圆心在水平方向上移动,最后把圆心调到观察屏的中央.

2. 测定 He-Ne 激光光波的波长

转动微动手轮,改变平面镜 M_1 的位置,可观察到观察屏中心有条纹不断"冒出"或"陷入".测出 100 个条纹在视场中心陷入(或冒出)时,平面镜 M_1 移动的距离 $\Delta d=d_1-d_2$.重复测量三次,求平均值,并由(5.4.3)式求出所用激光波长.已知 He-Ne 激光的波长 $\lambda_0=632.8$ nm.

必须注意,在测量 100 个条纹过程中,微动手轮要始终向同一个方向旋转,避免回程差.

3. 测定钠光光波的波长

测量完激光波长后,旋转粗动手轮,使条纹陷入,在条纹陷入过程中,要始终使条纹圆心在观察屏中心,若有偏移,调节 M_2 下方的两个微调螺钉.当观察屏上仅看到一两个条纹时,拿掉激光器,换上钠灯和毛玻璃,眼睛沿 G_1M_1 方向望进去,在无穷远处一般可看到钠光的干涉条纹.如果条纹模糊,转动微动轮,使条纹变清晰.若眼睛左右移动时,中心有条纹冒出或陷入,就应仔细调节 M_2 下方的微调螺钉.若眼睛竖直方向移动时,有条纹冒出或陷入,应调节竖直方向的微调螺钉;若眼睛水平方向移动时,有条纹冒出或陷入,应调节水平方向的微调螺钉.当眼睛稍微移动时,条纹平移,即圆心移动,但条纹的直径不变,中心不出现冒出条纹或陷入条纹的现象,此时缓慢转动微动手轮,测出 100 个条纹在视场中心陷入(或冒出)时,平面镜 M_1 移动的距离 $\Delta d = d_1 - d_2$,重复测量三次,求平均值,并由(5.4.3)式,求出钠光波长 λ.

4. 测定钠光双线的波长差

缓慢转动微动手轮,观察钠光条纹的可见度清晰→模糊→清晰→模糊的周期性变化.当视场中条纹刚出现模糊(或清晰)时,记下 M_1 的位置 d_1,当再一次刚出现模糊(或清晰)时,记下读数 d_2,求出相邻两次的间隔 $\Delta d = d_1 - d_2$,重复测量三次,求平均值.由(5.4.4)式,求出双线差 $\Delta\lambda$.

【思考讨论】

1. 分析并说明迈克耳孙干涉仪中所看到的明暗相间的同心圆环与牛顿环有何异同.
2. 分析扩束激光和钠光产生的同心圆环的差别.
3. 调节钠光的干涉条纹时,若确实用激光已调节好,改换钠光后,条纹并未出现,试分析可能的原因.
4. 如何判断和检验钠光形成的干涉条纹属于严格的等倾干涉条纹?
5. 观察白光的彩色干涉条纹.

实验 5.5　单缝衍射的光强分布

衍射是光波的横向宽度受到限制而引起的,当限制的尺度与光波的波长在数量级上相近时,就会产生明显的衍射效应.衍射现象是光的波动性的主要表现和光传播的基本规律之一.研究光的衍射现象不仅有助于加深对光本质的理解,而且有助于理解诸如光晶体结构分析、全息照相和光学信息处理等现代光学实验技术.衍射使光强在空间重新分布,利用光电元件测量光强的相对变化,是测量光强的方法之一,也是光学精密测量的常用方法.

【实验目的】

1. 观察单缝衍射现象,加深对夫琅禾费衍射理论的理解.
2. 测量单缝衍射的相对光强分布,测量单缝(狭缝)宽度.

【实验原理】

光在传播过程中遇到障碍物时将绕过障碍物,不再沿直线传播,传到障碍物后方的阴影区,

夫琅禾费

这称为光的衍射.当障碍物的大小与光的波长相近时,如狭缝、小孔、小圆屏等,就能观察到明显的光的衍射现象.衍射通常分为两类:一类是满足障碍物离光源或接收屏的距离为有限远的衍射,称为菲涅耳衍射;另一类是满足障碍物与光源和接收屏的距离都是无限远的衍射,即照射到障碍物上的入射光和离开障碍物的衍射光都是平行光的衍射,称为夫琅禾费衍射.

1. 夫琅禾费衍射

理想的夫琅禾费衍射,其入射光束和衍射光束均是平行光,满足关系:

$$\frac{b^2}{8L} \ll \lambda \tag{5.5.1}$$

式中,b 是狭缝宽度,L 是狭缝与像屏之间的距离,λ 是入射光的波长.实验时,若取 b 约为 0.1 mm,则 L 约为 1.00 m.

菲涅耳

菲涅耳衍射解决具体问题时,计算较为复杂.而夫琅禾费衍射的特点是,只需要简单的计算就可以得出准确的结果.夫琅禾费衍射可以用两个会聚透镜来实现,如图 5.5.1 所示.如采用方向性很好的激光作为光源,可满足夫琅禾费衍射的远场条件,从而省去狭缝前的透镜.

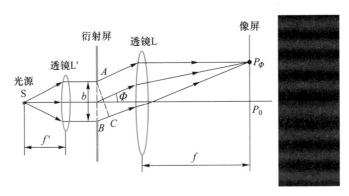

图 5.5.1　夫琅禾费衍射光路

2. 惠更斯-菲涅耳原理

惠更斯-菲涅耳原理:波在传播的过程中,从同一波阵面上各点所发出的子波是相干波,在传播过程中相遇时,可相互叠加产生干涉现象,空间各点波的强度由各子波在该点的相干叠加所决定.实验中用散射角极小的激光器产生激光束,通过一条很细的狭缝(0.1~0.3 mm),在狭缝后大于 0.5 m 的地方放上观察屏,就可以看到衍射条纹,它实际上就是夫琅禾费衍射条纹.当激光照射在单缝上时,根据惠更斯-菲涅耳原理,单缝上每一点都可看成向各个方向发射球面子波的新波源.由于子波叠加的结果,在屏上可以得到一组平行于单缝的明暗相间的条纹.

设单缝 AB 的宽度为 b,单缝到接收屏之间的距离是 L,衍射角为 $\varPhi$ 的光线会聚到屏上 $P_\varPhi$ 点,并设 $P_\varPhi$ 点到中央明纹中心 P_0 的距离为 x_k.由图 5.5.1 可知,从 A、B 两点出射的光线到 $P_\varPhi$ 点的光程差为

$$BC = b\sin\varPhi \tag{5.5.2}$$

式中,$\varPhi$ 为光轴与衍射光线之间的夹角,称为衍射角.如果子波在 $P_\varPhi$ 点引起的光振动完全相互

抵消,光程差是半波长的偶数倍(半波带分析法),在 P_Φ 点处将出现暗纹.所以,暗纹形成的条件是

$$b\sin\Phi = \pm 2k\frac{\lambda}{2} \tag{5.5.3}$$

在 P_Φ 点出现亮条纹的条件是

$$b\sin\Phi = 0 \quad 或 \quad b\sin\Phi = \pm(2k+1)\frac{\lambda}{2} \tag{5.5.4}$$

式中,b 为单缝的宽度,Φ 是衍射角,λ 是入射光波的波长,k 是一个正整数,等于 $1,2,3,\cdots$,称为衍射条纹的级,相应称为第一、第二、第三……级明条纹或暗条纹,"$\pm$"号表示条纹位于中央明条纹的右侧和左侧.

在两个第一级暗纹之间的区域($-\lambda < b\sin\Phi < \lambda$)为中央明纹.由(5.5.3)式可以看出,当入射光的波长一定时,缝宽 b 越小,衍射角 Φ 越大,在屏上相邻条纹的间隔也越大,衍射效果越显著;反之,b 越大,各级条纹衍射角 Φ 越小,条纹向中央明纹靠拢,逐渐分辨不清,衍射现象也就越不显著.b 无限大,衍射现象消失.

单缝宽度 b 一定时,由(5.5.3)式和(5.5.4)式可知,任意两个相邻暗(或明)条纹衍射角 Φ_k 和 Φ_{k+1} 之间的差为 $\Delta\Phi = \Phi_{k+1} - \Phi_k = \dfrac{\lambda}{b}$.

设相邻两条纹间的距离为 Δl,则有 $\Delta\Phi = \dfrac{x_{k+1}}{L} - \dfrac{x_k}{L} = \dfrac{\Delta l}{L} = \dfrac{\lambda}{b}$,故

$$\Delta l = \frac{L\lambda}{b} \tag{5.5.5}$$

由此可见,对于单缝宽度 b 一定时,任意相邻两暗(或明)条纹之间的距离 Δl 是相等的,即单缝衍射的图样为一组明暗相间等间距的平行条纹(除中央明纹以外).

设观察屏上中央亮条纹的中心 P_0 处的光强为 I_0,观察屏上与光轴成 Φ 角的 P_Φ 处的光强为 I_Φ,则理论计算可得:

$$I_\Phi = I_0\frac{\sin^2 u}{u^2} \tag{5.5.6}$$

其中 $u = \dfrac{\pi b\sin\Phi}{\lambda}$,式中 λ 为入射单色光的波长,b 为狭缝宽度.

(1) 当 $u = 0$(即 $\Phi = 0$)时,$I_\Phi = I_0$,P_Φ 处的光强最大,即中央主极大.

(2) 当 $u = k\pi$ $(k = \pm 1, \pm 2, \pm 3, \cdots)$,即 $b\sin\Phi = k\lambda$ 时,$I_\Phi = 0$,即 P_Φ 处出现暗条纹.在 Φ 值很小时,$\Phi \approx \sin\Phi$,所以暗条纹出现在 $\Phi \approx \dfrac{k\lambda}{b}$ 的方向上.显然,中央主极大两侧暗条纹之间的角距离 $\Delta\Phi = \dfrac{2\lambda}{b}$,而其他相邻暗条纹之间的角距离 $\Delta\Phi = \dfrac{\lambda}{b}$.

(3) 除了中央主极大以外,两相邻暗条纹之间都有一个次极大,由简单的计算可知,求 I_Φ 为极值的各点,即可得出明纹条件.令

$$\frac{\mathrm{d}}{\mathrm{d}u}\left(\frac{\sin^2 u}{u^2}\right) = 0 \tag{5.5.7}$$

可得到 $u = \tan u$，由图解法得：
$$u = \pm 1.43\pi, \pm 2.46\pi, \pm 3.47\pi, \cdots$$
即 $\sin \Phi = \pm 1.43\dfrac{\lambda}{b}, \pm 2.46\dfrac{\lambda}{b}, \pm 3.47\dfrac{\lambda}{b}, \cdots$.

可见，用半波带分析法求出的明纹条件只是近似准确的.把上述的值代入(5.5.6)式中，可求得各级次明纹中心的强度依次为 $0.047I_0$，$0.017I_0$，$0.008I_0$，$\cdots$.夫琅禾费单缝衍射的相对光强分布曲线如图 5.5.2 所示.

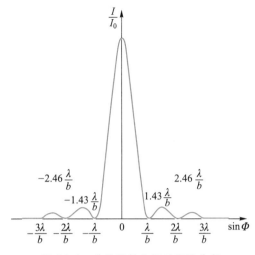

图 5.5.2　单缝衍射的相对光强分布

【实验仪器】

激光器，接收屏，狭缝，数字检流计.

【实验内容】

1. 布置好光路，依次摆放激光器、狭缝、接收屏、数字检流计.开启检流计，预热.

2. 调整仪器同轴等高.调节激光束水平，使激光垂直照射在狭缝平面上.观察单缝衍射现象，改变单缝宽度，观察衍射条纹的变化，观察各级明条纹的光强变化.

3. 测量衍射条纹的相对光强.

(1) 调节狭缝宽度，使形成的衍射条纹宽度约为 5mm，且条纹最亮，数字检流计的读数最大，记录此时的最大光强 I_0.

(2) 调节接收屏底座的平移螺杆，观察检流计的读数.测量时，从一侧衍射条纹的第三个暗纹中心开始，记下此时鼓轮读数，同方向转动鼓轮，中途不要改变转动方向.每移动 0.2 mm，读取一次检流计读数，一直测到另一侧的第三个暗纹中心.记录光电流大小 I 和坐标位置 x_k.要特别注意衍射光强的每一极的极大值(最亮点)和极小值(最暗点)所对应的坐标的测量.

4. 单缝宽度 b 的测量.

由于 $L > 1$ m，因此衍射角很小，有 $\Phi \approx \sin \Phi \approx \tan \Phi \approx \dfrac{x_k}{L}$，则暗纹生成条件(5.5.3)式可简化为 $b\Phi = k\lambda$，则

$$b = \frac{k\lambda}{\Phi} = \frac{kL\lambda}{x_k} \tag{5.5.8}$$

根据(5.5.8)式，测量所需数据，可计算单缝宽度.

【思考讨论】

1. 光的干涉和衍射有什么异同？

2. 当缝宽增加一倍时，衍射图样的光强和条纹宽度将怎样改变？如缝宽减半，又怎样改变？

3. 如果单缝到接收屏的距离改变，衍射图样和相对光强分布线有何变化？

实验 5.6　用透射光栅测定光波波长

光的衍射现象是光波动性质的一个重要表现.在近代光学技术中,如光谱分析、晶体分析、光信息处理等领域,光的衍射已成为一种重要的研究手段和方法.利用光栅分光制成的单色仪和光谱仪,不仅用于光谱学,还广泛用于计量、光通信、信息处理、光应变传感器等方面.研究衍射现象及其规律,在理论和实践上都有重要意义.光栅是一种重要的分光元件,分为透射光栅和反射光栅.实验室通常使用复制光栅或全息光栅,本实验用的是透射全息光栅.

【实验目的】

1. 观察光栅衍射现象,了解衍射光栅的主要特性.
2. 了解分光计的结构,学会正确的调整方法.
3. 掌握在分光计上用透射光栅测量光波波长的方法.

【实验原理】

光栅相当于一组数目极多的等宽、等间距平行排列的狭缝.根据衍射理论,当一束单色平行光垂直入射到光栅平面上时,便发生对称衍射现象.用透镜将衍射光会聚于焦平面处的屏幕上,便可出现一系列明暗相间的条纹.

根据夫琅禾费衍射理论,当一束平行光垂直地入射到光栅平面上时,光通过每条狭缝都发生衍射,所有狭缝的衍射光又彼此发生干涉,经透镜 L 会聚后,在透镜的第二焦平面上形成一组亮条纹(又称光谱线),如图 5.6.1 所示,各级亮纹产生的条件是

$$(a+b)\sin\varphi = k\lambda \quad (k=0,\pm1,\pm2,\cdots) \tag{5.6.1}$$

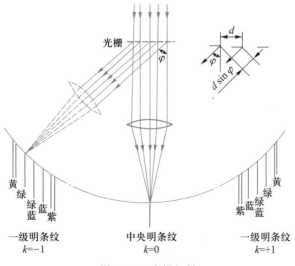

图 5.6.1　光栅衍射

(5.6.1)式称为光栅方程,其中 a 为缝间距离,即双缝之间不透光部分的宽度,b 为缝的宽度,$d=a+b$ 称为光栅常量,φ 为衍射角,k 为光谱的级次,λ 为入射光的波长.在 $\varphi=0$ 的方向上可以观察到中央主极大,称为零级谱线,其他 $\pm 1,\pm 2,\cdots$ 级的谱线对称地分布在零级谱线的两侧.

如果入射光不是单色光,则由(5.6.1)式可以看出,对不同波长的光,同一级谱线将有不同的衍射角.除 $k=0$ 外,其余各级谱线将按波长增加的次序依次排开,于是复色光被分解,在透镜的焦平面上出现自零级开始,左右两侧由短波向长波排列的各种颜色的谱线,称为光栅衍射谱,如图 5.6.2 所示.

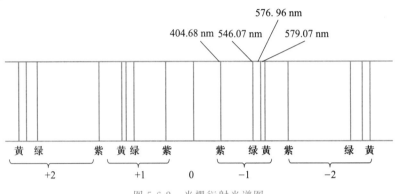

图 5.6.2　光栅衍射光谱图

如果已知光栅常量 d,用分光计测出与第 k 级光谱某一条纹的衍射角 θ,就可由光栅方程算出该条纹所对应的单色光的波长为 λ.

衍射光栅的基本特性有两个:一是分辨本领,二是角色散率.

分辨本领 R 是光栅的一项重要参量,它表征光栅分辨光谱细微结构的能力.通常定义 R 为刚好被该光栅可分辨的两条谱线波长差 $\Delta\lambda$ 去除它们的平均波长 λ,即:

$$R=\frac{\lambda}{\Delta\lambda} \tag{5.6.2}$$

R 越大,表明刚刚能被分辨开的波长差越小,光栅分辨细微结构的能力就越高.按照瑞利判据,两条刚好能被分开的谱线规定为:其中一条谱线的极强正好落在另一条谱线的极弱上.由此条件可推知,光栅的分辨本领公式为

$$R=kN \tag{5.6.3}$$

式中 N 是光栅有效使用面积内的刻线总数目.上式说明光栅在使用面积一定(宽度 L 一定)的情况下,使用面积内的刻线数目越多,分辨本领越高;对一定光栅常量 d 的光栅,有效使用面积越大,分辨本领越高(是因为刻线数目越多,谱线越细锐);可见高级数比低级数的光谱有较高的分辨本领.

由于通常所用光栅的光谱级数不高(一般实验室使用的光栅的光谱级数为第 1 级和第 2 级),所以光栅的分辨本领主要取决于有效使用面积内的刻线数目 N.实验中常用的是每 mm 有 600 条刻线或 300 条刻线的光栅.

角色散率 D 是指同级光谱中两条谱线衍射角之差 $\Delta\varphi$ 与其波长差 $\Delta\lambda$ 之比,即

$$D=\frac{\Delta\varphi}{\Delta\lambda} \tag{5.6.4}$$

将光栅方程微分代入上式得

$$D = \frac{\Delta\varphi}{\Delta\lambda} = \frac{k}{d\cos\varphi} \tag{5.6.5}$$

可见,光栅的角色散率与光栅常量 d 成反比,与级次 k 成正比.但角色散率与光栅中衍射单元的总数 N 无关.只反映两条谱线中心分开的程度,而不涉及它们是否能够分辨.当衍射角 φ 很小时,(5.6.5)式中 $\cos\varphi \approx 1$,角色散率可以近似看作常量,此时 $\Delta\varphi$ 与 $\Delta\lambda$ 成正比,故光栅光谱称为匀排光谱.

 【实验仪器】

分光计,平面透射光栅,汞灯,钠灯等.

【实验内容】

1. 按分光计的调整要求调节好分光计

2. 调节光栅平面与准直管的光轴垂直

如图 5.6.3 所示将光栅放置在分光计载物平台上,使光栅平面处于载物台下两个调节螺丝 b_1 和 b_3 中垂面上.左右转动载物平台,看到由光栅反射的"小十字叉丝"像,调节 b_1 或 b_3 使小十字叉丝像和分划板上的调整用叉丝中心重合,这时光栅面已垂直于入射光,光栅平面与准直管光轴垂直.

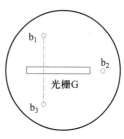

图 5.6.3　光栅的放置

3. 调整谱线等高,即光栅缝纹(刻痕)与分光计中心轴平行

打开光源照亮准直管的狭缝.转动望远镜观察光谱,如果零级谱线两侧的光谱线相对于分划板中间的水平线高低不等时,调节载物平台下的另一个螺丝 b_2,使零级谱线两旁的谱线等高.由于调节螺丝 b_2,会使小十字叉丝像稍偏离调整用叉丝中心,所以要反复进行 2、3 两步,直到小十字叉丝像和调整用叉丝中心重合,并且所有谱线等高.

将望远镜隔着光栅对准准直管,使零级光谱和分化板中的竖直线重合.再转动载物台,使由光栅表面返回的小十字叉丝像和调整用叉丝中心重合.由于转动载物平台,零级谱线会略有偏离,可适当转一下望远镜.当小十字叉丝像与调整用叉丝中心重合,同时零级谱线与分划板中的竖直线也重合时,即满足要求(即三线重合).

4. 测量各级衍射角

保持光栅位置不动,以汞光线中的绿光为已知波长(546.07 nm)的光,转动望远镜到左侧,使叉丝的竖直线与绿光的第 2 级衍射谱线重合,记录两游标值.将望远镜转向右侧第 2 级的衍射谱线同上测量.同一游标的两次读数之差就是绿光第二级衍射角的两倍.重复测量多次,可得到各级衍射角,根据光栅方程计算待测量的平均值及其标准偏差.

5. 测量光栅的角色散率

用汞灯(或钠光灯)为光源,分别测量第 1 级和第 2 级光谱中的双黄线的衍射角 θ.双黄线的波长差 $\Delta\lambda$(对汞光谱为 2.11 nm,对钠光谱为 0.597 nm),结合测得的衍射角之差 $\Delta\theta = \theta_2 - \theta_1$ (θ_1 和 θ_2 是同一级中双黄线的衍射角),分别利用公式 $D = \frac{\Delta\theta}{\Delta\lambda}$ 和 $D = \frac{k}{d\cos\theta}$ 计算第 1、第 2 级角

色散率.

【思考讨论】

1. 如何判断光线是否垂直入射到光栅?

2. 如果望远镜对着平面透射光栅观察,发现有两个不重合的小十字叉丝像,你当如何解释?此时应如何调节光栅至测量状态?

实验 5.7　偏振光实验

振动方向对于传播方向的不对称性称为偏振,它是横波区别于纵波的一个最明显的标志.只有横波才能产生偏振现象,光的偏振也是光的波动性的又一例证.对于光的偏振现象的研究,不仅可以帮助人们认识光的电磁波性质,而且使人们对光的传播(反射、折射、吸收和散射等)的规律有了新的认识.特别是近年来人们利用光的偏振性所开发出来的各种偏振光元件、偏振光仪器和偏振光技术在现代科学技术中发挥了极其重要的作用,在光调制器、光开关、光学计量、应力分析、光信息处理、光通信、激光和光电子学器件等方面都有着广泛的应用.因此,光偏振现象的发现以及应用给人类生活带来了很多方便.

【实验目的】

1. 观察各类偏振现象,加深对偏振基本规律的认识.
2. 掌握起偏和检偏的几种方法,熟悉偏振基本规律.
3. 定量研究光的偏振现象.

【实验原理】

光波是电磁波,电磁波是横波,光波中的电矢量与波的传播方向垂直,如图 5.7.1 所示.通常用电矢量(也称为光矢量)代表光的振动方向,并将电矢量和光的传播方向所构成的平面称为光振动面.光的干涉与衍射现象证明光是一种波,是一种电磁波,但不能确定是横波还是纵波,而光的偏振现象进一步证明了光是横波.

最常见的光的偏振态有:自然光、线偏振光、部分偏振光、椭圆偏振光和圆偏振光.

在传播过程中电矢量的振动方向始终在某一确定方向上的光,称为平面偏振光或线偏振光.单个原子或分子所发射的光是偏振的.一般光源发射的光是大量分子和原子辐射构成的,而每个分子或原子的运动和辐射具有独立性、随机性和间歇性,大量原子发出的光,没有一个方向的光振动占有优势,各个方向光矢量的振幅相等.

在垂直光传播方向的平面内,若光矢量的大小在所有可能方向上都相等,各矢量之间没有固定的相位关系,这种光称为自然光,如图 5.7.2(a)所示.在发光过程中,有些光的振动面在某个特定方向出现的概率大于其他方向,即在较长时间内电矢量在某一方向上较强,这样的光称为部分偏振光,如图 5.7.2(b)所示.只能在一个固定确定方向有振动,这种光称为平面偏振光或线偏振光,如图 5.7.2 (c)所示.

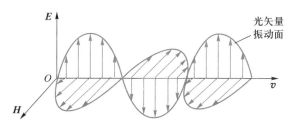

图 5.7.1 电矢量、磁矢量和光的传播方向

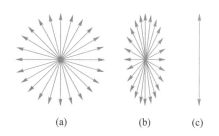

图 5.7.2 自然光、部分偏振光和线偏振光

1. 线偏振光的常用获得方法

（1）各向异性晶体（如方解石）产生双折射，这两束出射光都是线偏振光.它们的振动方向互相垂直，其中一束光满足折射定律叫 o 光，另一束光不满足折射定律叫 e 光，如图 5.7.3 所示.

偏振状态

（2）利用双折射晶体制成的偏振棱镜，例如格兰-泰勒棱镜，如图 5.7.4 所示.

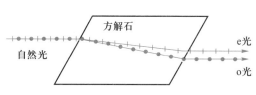

图 5.7.3 双折射产生线偏振光

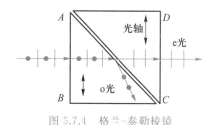

图 5.7.4 格兰-泰勒棱镜

（3）人造偏振片.在两块塑料片或玻璃片之间夹着一层含有二色晶体（如硫酸碘宁）的薄膜.这种晶体对某一方向的振动光吸收很少，而对其他方向的光振动吸收得特别强烈.因此利用它制成的偏振片几乎只允许某一特定振动方向的光通过.

（4）反射与折射产生的偏振光.自然光在两种各向同性的非金属界面上的反射，例如阳光从空气照射到玻璃或水等界面上，其反射光一般只是部分偏振光，其偏振程度与入射角有关.如图 5.7.5 所示，自然光从介质 n_1 入射到介质 n_2 的界面处发生反射和折射，当入射角 i 满足 $\tan i = \dfrac{n_2}{n_1}$ 时，入射角与折射角之和为 $90°$，反射光成为振动方向垂直于入射面的线偏振光，折射光为部分偏振光，这个规律称为布儒斯特定律，此时的入射角称为布儒斯特角或起偏角，用 i_B 表示，如图 5.7.5 所示.

当多层玻璃叠成玻璃堆，自然光以布儒斯特角入射到玻璃堆上时，各层反射光全部是振动面垂直入射面的偏振光.而折射光因逐渐失去垂直振动部分光而成为部分偏振光，玻璃片越多则折射光越接近线偏振光，如图 5.7.6 所示.当玻璃片为八九片时，则可近似地把透过玻璃堆的光看成平行入射面的线偏振光.

2. 椭圆偏振光的获得方法

由表面平行于光轴的单轴晶体制成厚度为 d 的薄片称为波片.如图 5.7.7 所示，一束振幅为 A 的线偏振光垂直入射在波片表面上，且振动方向与光轴夹角为 θ，在晶体内分解成 o 光和 e 光，振幅分别是 $A_o = A\sin\theta$，$A_e = A\cos\theta$，它们的相位相同.进入波片后，o 光和 e 光虽然沿着同

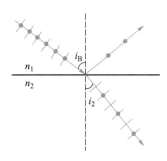

图 5.7.5　布儒斯特定律

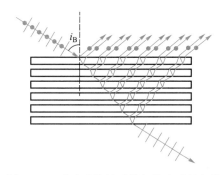

图 5.7.6　玻璃片堆的反射起偏和透射起偏

一方向传播,但具有不同的速度.在方解石(称为负晶体)中,e 光速度比 o 光快;而在石英(称为正晶体)中,o 光速度则比 e 光快.因此经过厚度为 d 的波片后,产生相位差

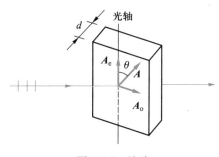

图 5.7.7　波片

$$\delta = \frac{2\pi}{\lambda_0}(n_o - n_e)d \tag{5.7.1}$$

(5.7.1)式中,λ_0 为光在真空中的波长,n_o、n_e 为波片对 o 光和 e 光的折射率.这种能使振动互相垂直的两束线偏振光产生一定相位差的晶体薄片就是波片.因为波片能使 o 光或 e 光的相位推迟,所以波片又称为移相器.

o 光和 e 光振动方向相互垂直,频率相同,相位差恒定,由振动合成可得

$$\frac{x^2}{A_e^2} + \frac{y^2}{A_o^2} - \frac{2xy}{A_e A_o}\cos^2\delta = sin^2\delta \tag{5.7.2}$$

(5.7.2)式是椭圆方程式,代表椭圆偏振光.

(1) 如果波片的厚度使产生的相位差 $\lambda = \frac{1}{2}(2k+1)\pi, k = 0,1,2,\cdots$,这样的波片称为 1/4 波片.平面偏振光通过 1/4 波片后,透射光一般是椭圆偏振光;当 $\theta = \frac{\pi}{4}$,则为圆偏振光;当 $\theta = 0$ 或 $\theta = \frac{\pi}{2}$ 时,椭圆偏振光退化为平面偏振光.由此可知,1/4 波片可将平面偏振光变成椭圆偏振光或圆偏振光;反之,它也可将椭圆偏振光或圆偏振光变成平面偏振光.

(2) 如果波片的厚度使产生的相差 $\delta = (2k+1)\pi, k = 0,1,2,\cdots$,这样的波片称为半波片.如果入射平面偏振光的振动面与半波片光轴的交角为 θ,则通过半波片后的光仍为平面偏振光,但其振动面相对于入射光的振动面转过 2θ 的角度.

3. 平面偏振光通过检偏器后光强的变化

强度为 I_0 的平面偏振光通过检偏器后的光强为

$$I_\theta = I_0 \cos^2\theta \tag{5.7.3}$$

式中,θ 为平面偏振光偏振面和检偏器主截面的夹角,(5.7.3)式为马吕斯(Malus)定律,它表示改

变角度可以改变透过检偏器的光强.

当起偏器和检偏器的取向使得通过的光量极大时,称它们为平行(此时 $\theta=0$).当二者的取向使系统射出的光量极小时,称它们为正交(此时 $\theta=90°$).

【实验仪器】

光源,偏振片,1/2 波片,1/4 波片,白屏,检流计等.

【实验内容】

1. 布儒斯特定律

(1) 在旋转平台上垂直固定一平板玻璃,先使光束平行于玻璃板,然后使平台转过一定角度,形成反射和透射光束.

(2) 使用检偏器检验反射光的偏振态.

(3) 测出起偏角,计算出玻璃的折射率.

2. 验证马吕斯定律

(1) 当两偏振片相对转动时,透射光光强就随着两偏振片的透光轴的夹角 θ 而改变.如果偏振片是理想的,当它们的透光轴相互垂直($\theta=90°$)时,透射光光强应为 0;当夹角 θ 为其他数值时,透射光光强满足马吕斯定律,即 $I_\theta=I_0\cos^2\theta$,I_0 是两光轴平行($\theta=0°$)时的透射光光强.

(2) 旋转起偏器,使刻度指示顺序指向 $0,10°,20°,\cdots,90°$,分别记录检流计光电流数值;再反向旋转起偏器,使刻度指示顺序指向 $90°,80°,70°,\cdots,0$,分别记录检流计光电流数值.重复测量 2 次,并进行整理.

(3) 以 I_θ 为纵坐标、$\cos^2\theta$ 为横坐标,根据整理的数据画出 I_θ-$\cos^2\theta$ 曲线.

3. 1/2 波片的作用

按图 5.7.8 所示放置偏振片 A,其角度为 0,偏振片 B 的角度为 $90°$,在 A 与 B 之间放入 1/2 波片 C,改变 1/2 波片的角度,观察透射光的强弱变化并加以解释.

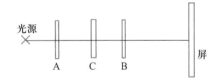

图 5.7.8　波片实验装置原理图

4. 1/4 波片的作用

放置偏振片 A 的角度为 0,再将 C 从角度为 0 转过 $15°、30°、45°、60°、75°、90°$,以光线为轴每次都将 B 转 $360°$ 观察并记录现象.

【思考讨论】

1. 如何应用光的偏振现象说明光的横波特性?怎样区别自然光和偏振光?

2. 两片正交偏振片中间再插入一个偏振片会有什么现象?怎样解释?

3. 本实验中的偏振片,其透光轴方向均未标定,能确定它们的透光轴方向吗?

4. 若在本实验中得到的 I_θ-$\cos^2\theta$ 图线不是一条直线,试分析其原因.

实验 5.8　用旋光计测定糖溶液的浓度

光的干涉和衍射现象揭示了光的波动性质,而光的偏振现象进一步证实了光波是横波.旋光计是利用光的偏振特性测定物质旋光度的仪器.通过对样品旋光度的测量,可以分析确定物质的浓度、含量及纯度等,广泛应用于制药、药检、制糖、食品、香料、味精等生产活动和科研、教学活动中,可以帮助人们进行化验分析或过程质量控制.

【实验目的】

1. 熟悉旋光计的原理、结构和使用方法.
2. 了解旋光物质的旋光特性,观察线偏振光通过旋光物质发生的旋光现象.
3. 用旋光计测量糖溶液的浓度.

【实验原理】

众所周知,可见光是一种波长为 380~780 nm 的电磁波,由于发光体发光的统计性质,电磁波的电矢量的振动方向可以取垂直于光传播方向上的任意方位,通常称为自然光.利用某些器件(例如偏振器)可以使振动方向固定在垂直于光波传播方向的某一方位上,形成所谓的平面偏振光,平面偏振光通过某种物质时,偏振光的振动方向会转过一个角度,这种物质称为旋光物质,偏振光所转过的角度称为旋光度.

人们通过实验发现石英晶体、食糖溶液、酒石酸溶液等都是旋光性较强的物质.实验表明,振动面旋转的角度 ϕ 与其所通过旋光性物质的厚度成正比,若为溶液,又正比于溶液的质量浓度 c,即

$$\phi = \rho l c$$

式中,l 是以分米(dm)为单位的液柱长;c 为溶液的质量浓度,代表每立方厘米溶液中所含溶质的质量(质量以 g 为单位);ρ 为物质的旋光率.纯蔗糖溶液在 20 ℃时,对于钠黄光的旋光率,经多次测定确认为 $\rho = 66.50(°)\ cm^3/dm·g$.因此,若测出糖溶液的旋转角 ϕ 和液柱长 l,可求出蔗糖溶液的质量浓度 c.

旋光计的外形结构如图 5.8.1 所示.

旋光计内部结构如图 5.8.2 所示.

光源 S 是钠光灯,F 为固定的聚光镜,N_1 和 N_2 皆为尼科耳棱镜,N_1 为起偏器,N_2 为检偏器,N_2 可以旋转,旋转角度从 N_2 所附的刻度盘 R 上读出,H 为盛放待测溶液的管子,T 为短焦距望远镜.D 为半荫片,由 AB 两种材料组成,可以是 AB 结构,也可以是 ABA 结构,如图 5.8.3 所示.

钠光灯 S 发出的光通过聚光镜 F 后,照射到起偏器 N_1 上,光线经过 N_1 后成为平面偏振光,其偏振面与 N_1 的主截面平行,如图 5.8.4 所示.

该平面偏振光在通过半荫片 D 时,光线从玻璃中透过,光的偏振面不变,仍与 N_1 的主截面平行,设其振动方向为 OA_1,光线从石英半波片中透过,光的振动面却转过了一个角度,设其振动方向为 OA_2.当管子 H 中没有溶液时,由半荫片透出的两束光到达检偏器 N_2 之前,振动方向

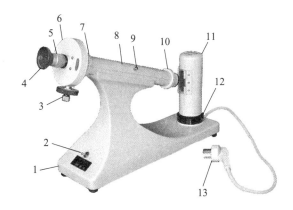

1—底座；2—电源开关；3—检偏器与度盘转动手轮；4—放大镜座；
5—目镜调焦螺旋；6—度盘游标；7—试管筒；8—试管筒盖；9—筒盖把手；
10—连接圈；11—灯罩；12—灯座；13—电源插头.

图 5.8.1　旋光计

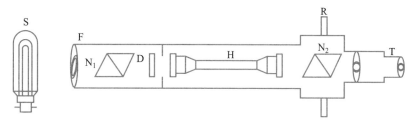

图 5.8.2　旋光计内部结构

不发生任何改变.旋转检偏器 N_2，并通过望远镜 T 观察，会看到以下几种情形：当 $N_2 \parallel N_1$ 时，A 区域亮，B 区域暗；当 $N_2 \perp N_1$ 时，A 区域暗，B 区域亮；当 $N_2 \parallel OC$ 时，OC 为 $\angle A_1 OA_2$ 的平分线，A、B 两区域照度相同，并且照度较强；当 $N_2 \perp OC$ 时，A、B 两区域照度相同，但照度较弱.

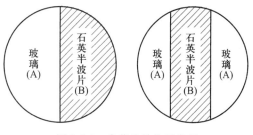

图 5.8.3　半荫片结构示意图

由于人眼在一定范围内对于弱照度的变化比较敏感，所以通常取 $N_2 \perp OC$ 的位置作为标准来进行调节，此时 A、B 两区域弱照度相等.只要 N_2 相对于 OC 略有偏转，两区域之一将明显变亮，另一区域将明显变暗.可见加上半荫片结构，将眼睛对光最弱状态的判断，转化为判断 A、B 两区域弱照度是否相等，进一步提高了测量的精度.

当管子 H 中盛有糖溶液时，振动面 OA_1 和 OA_2 都将转过一定角度，而变为 OA_1' 和 OA_2'，如图 5.8.5 所示.

要再使整个视场处于相等的弱照度，必须将 N_2 旋转到 N_2' 位置，使 N_2' 与 $\angle A_1' OA_2'$ 的平分线 OC' 垂直.这样 N_2 转过的角度，即为平面偏振光振动面的旋转角，可从附于 N_2 上的刻度盘 R 读出，利用公式就可算出被测糖溶液的质量浓度.

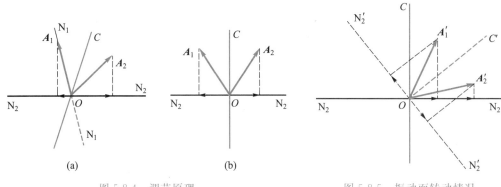

图 5.8.4　调节原理　　　　　　　　　　图 5.8.5　振动面转动情况

【实验仪器】

旋光计,玻璃管,蔗糖溶液,钠灯等.

【实验内容】

1. 测定旋光计的零点 ϕ_0(零点校准).

将空管 H 放入旋光计中,并点亮钠灯,调节望远镜 T,使同学能清楚地看到视场中的分界线,然后转动检偏器 N_2,直至整个视场中 A、B 两区域**弱照度相等**.从刻度盘上读出其数值 ϕ_0 作为零点.重复十次,求其平均值.

2. 测定平面偏振光振动面旋转到的位置 ϕ'.

放入装有待测溶液的玻璃管,视场中的光强度发生了变化.转动检偏器 N_2,使视场中 A、B 两区域的弱照度再次相等,记录刻度盘上的读数 ϕ',重复十次,求其平均值.

注意:用蒸馏水洗涤管子 H 后,装入待测浓度的糖溶液,尽量装满使管内无气泡,若有气泡,管子放入时,应使气泡处在管子凸起部位.

3. 由 $\phi'-\phi_0$ 即得平面偏振光振动面的旋转角 ϕ,代入公式 $\phi=\rho l c$,即可算出此溶液的质量浓度 c.

注意:测量时溶液的温度应保持在 20 ℃,当温度超过 20 ℃时,则相对于 20 ℃,温度每升高1 ℃,ρ 值中的 $66.50(°)\cdot cm^3/dm\cdot g$ 应相应减去 $0.02(°)\cdot cm^3/dm\cdot g$ 作为修正值.

【思考讨论】

1. 旋光度与哪些因素有关?
2. 举出生活中应用光的偏振的实例.

实验 5.9　用光电效应测定普朗克常量

1887 年德国物理学家赫兹发现电火花间隙受到紫外线照射时会产生更强的电火花,其论文

《论紫外光对放电的影响》当年发表在《物理学年鉴》上,立即引起了广泛的反响,许多物理学家纷纷对此现象进行了研究,用紫外线或波长更短的 X 射线照射一些金属,都观察到金属表面有电子逸出的现象,称为光电效应.

爱因斯坦

爱因斯坦用光量子理论对光电效应现象进行了全面的解释,由此获得了 1921 年的诺贝尔物理学奖.密立根由于测定了电子电荷以及借助光电效应测量出普朗克常量等成就,荣获 1923 年诺贝尔物理学奖.1922 年,康普顿发现了"康普顿效应",他采用单个光子和自由电子的简单碰撞理论,对这个效应作出了令人满意的理论解释,进一步证实了爱因斯坦的光量子理论,获得了 1927 年的诺贝尔物理学奖.对光电效应现象的研究,使人们进一步认识到光的波粒二象性的本质,促进了光量子理论的建立和近代物理学的发展,现在光电效应以

密立根

及根据光电效应制成的各种光电器件已被广泛地应用于工农业生产、科研和国防等各个领域.

【实验目的】

1. 通过本实验了解光的量子性和光电效应的基本规律,验证爱因斯坦光电效应方程.
2. 求出普朗克常量.

【实验原理】

1. 光电效应及爱因斯坦光电效应方程

1887 年,赫兹在验证电磁波的存在时意外发现,当一束入射光照射到金属表面上时,会有电子从金属表面逸出,这个物理现象被称为光电效应.用图 5.9.1 所示实验装置可研究光电效应的实验规律.图中 A、K 分别为真空光电管的阳极和阴极,G 是微电流计,V 是电压表.由实验可得光电效应的基本规律如下.

(1) 当入射光频率不变时,饱和光电流 I_H 与入射光的强度成正比,即单位时间内产生的光电子数与入射光强成正比,如图 5.9.2 所示,其中 U-I 曲线称为伏安特性曲线.

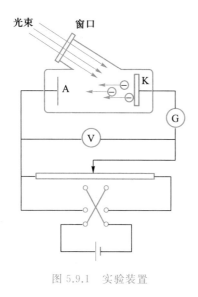
图 5.9.1　实验装置

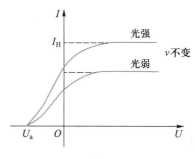
图 5.9.2　伏安特性曲线

（2）光电子的最大初动能（也即遏止电压）随入射光频率的增加而线性地增加，而与入射光强无关.

（3）对于给定金属，有一个极限频率 ν_0，当入射光的频率 ν 小于极限值 ν_0 时，无论光强多大，都不会产生光电效应.

（4）光电效应是瞬时效应.当入射光的频率大于 ν_0 时，一经照射，就有光电子产生.

1905 年，爱因斯坦根据普朗克的量子假设，提出光量子的概念，给光电效应以正确的理论解释.他认为：从一点发出的光不是按麦克斯韦电磁理论指出的那样以连续分布的形式把能量传播到空间，而是频率为 ν 的光以 $h\nu$ 为能量单位一份一份地向外辐射.其中，h 为普朗克常量，目前公认值为 $h=6.626\ 19\times10^{-34}$ J·s.至于光电效应，是具有能量 $h\nu$ 的一个光子作用于金属中的一个自由电子，光子的能量一次全部被电子所吸收.该电子所获得的能量，一部分用来克服金属表面对它的束缚，剩余的能量就成为逸出金属表面后该光电子的动能.如果电子脱离金属表面耗费的能量为 W_s，则由光电效应打出来的电子的动能为

$$E=h\nu-W_s \quad \text{或} \quad \frac{1}{2}mv_0^2=h\nu-W_s \tag{5.9.1}$$

这就是著名的爱因斯坦光电效应方程.

2. 普朗克常量的测定

实验原理如图 5.9.1 所示.当无光照射时，由于阴极和阳极处于断路状态，G 中无电流.有光照射时，光子 $h\nu$ 射到阴极 K 上释放出光电子.当 A 加正电势，K 加负电势时，光电子被加速，形成光电流.加速电势差 U_{AK} 越大，光电流越大，当 U_{AK} 达到一定值时，光电流达到饱和值 I_H，如图 5.9.2 所示.当 K 加正电势、A 加负电势，U_{AK} 变负时，光电子被减速，光电流迅速减小，当 U_{AK} 负到一定量值，所有光电子都不能到达阳极 A，光电流减小为 0.此时的 U_{AK} 称为遏止电势差，用 U_0 表示，满足方程：

$$\frac{1}{2}mv_0^2=eU_0 \tag{5.9.2}$$

代入（5.9.1）式即有：

$$eU_0=h\nu_0-W_s \tag{5.9.3}$$

由于金属材料的逸出功 W_s 是金属的固有属性，对于给定的金属材料，W_s 是一个定值.令 $W_s=h\nu_0$，其中 ν_0 为极限频率，即具有极限频率 ν_0 的光子的能量恰恰等于逸出功 W_s，而没有多余的能量.

将（5.9.3）式改写为

$$U_0=\frac{h}{e}\nu-\frac{W_s}{e}=\frac{h}{e}(\nu-\nu_0) \tag{5.9.4}$$

用减速电势法，可测出不同频率 ν 所对应的遏止电压 U_0.由此可作 U_0-ν 曲线，由（5.9.4）式可知，这是一条直线，如图 5.9.3 所示，它的斜率为 $\frac{h}{e}$，e 是元电荷，公认值为 $e=1.602\ 189\times10^{-19}$ C. 由图 5.9.3 求出直线斜率 $b=\frac{\Delta U_0}{\Delta\nu}$，则普朗克常量也就可以算出.

实际测出的光电流随电压变化的曲线要比图 5.9.2 所示的复杂，主要是两个因素影响所致.

（1）存在暗电流和本底电流.在完全没有光照射的情形下，光电管也会产生电流，称为暗电

流,它是由热电流、漏电流两部分组成.本底电流则是由外界各种漫反射光入射到光电管上所致.它们都随外加电压的变化而变化.

（2）存在反向电流.在制造光电管的过程中,阳极不可避免地被阴极材料所沾染,而且这种沾染在光电管使用过程中会日趋严重.在光的照射下,被沾染的阳极也会发射电子,形成阳极电流即反向电流.因此,实测电流是阴极电流与阳极电流的叠加结果.使得电压与电流的关系曲线不再像图 5.9.2 所示那样,而是如图 5.9.4 所示,图中的电流零点不是阴极电流为零,而是阴极电流与阳极电流的代数和为零,即该点所对应的电压值并不是截止电压.

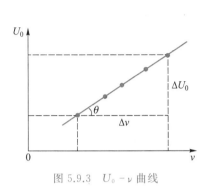

图 5.9.3　U_0-ν 曲线

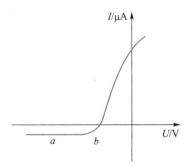

图 5.9.4　实际伏安特性曲线

在本实验中,由于阳极反向电流很小,在反向电压不大时就已达饱和,所以曲线下部变成直的.确定曲线的抬头点 b 处所对应的反向电压值,即相当于阴极电流的截止电压.

【实验仪器】

本实验采用 GP-Ⅲ型普朗克常量测定仪,其装置包括如下几部分.

1. 光源

光源采用 GGQ-50WHg 仪器用高压汞灯,在 302.3—872.0 nm 的谱线范围内有 365.0 nm、404.7 nm、435.8 nm、491.6 nm、546.1 nm、577.0 nm 等谱线可供实验使用.

2. 光电管

本实验采用 GD-27 型光电管,谱线范围为 340.0—700.0 nm,最高灵敏波长是 410.0±10.0 nm,阴极光灵敏度约为 1 μA/lm,暗电流约为 10^{-12} A.为了避免杂散光和外界电磁场对微弱光电流的干扰,光电管装在带有入射窗口的暗盒内,暗盒窗口可以安放光阑和各种带通滤色片.

3. NG 型滤色片

汞光源中,除黄Ⅰ、黄Ⅱ两条谱线较为接近外,其余谱线都相距甚远,用滤色片已能得到良好的单色光.故采用 NG 型滤色片获得单色光,它具有滤选 365.0 nm、404.7 nm、435.8 nm、546.1 nm、577.0 nm 等谱线的能力.

4. 微电流测量放大器

电流测量范围在 10^{-13}—10^{-6} A,十进位变换.开机 30 min 后,在 10^{-13} A 挡不大于 4 字.$3\frac{1}{2}$ 位数字电流表,读数精度分 0.1 μA(用于调零和校准)和 1 μA(用于测量).

【实验内容】

1. 测试前的准备

（1）将光源、光电管暗盒、微电流测量放大器安放在适当位置,暂不连线.

（2）接通微电流测量放大器电源,让其预热 20～30 min,进行微电流测量放大器的调零和校准.方法是:"校准、调零、测量"开关置于"校准、调零"挡,置"电流调节"于短路挡,调节"调零"旋钮使电流示数为零.然后"电流调节"于"校准"挡,调"校准"旋钮使电流表示数为－100,调零和校准可反复调整,旋动"倍率"各挡,指针应处于零点,如不符再进行调零,使之都能满足要求.打开光源开关,让汞灯预热.

2. 测量光电管的暗电流

（1）用电缆将光电管阴极 K 与微电流放大器后板上的"电流输入"相连,用双芯导线将光电管阳极与地线连接到后面板的"电压输出"插座上,注意不要接反导线.

（2）测量光电管的暗电流.遮住光电管暗盒窗口,将"校准、调零、测量"开关置于"测量"挡,"电流调节"置于 10^{-7} 或 10^{-6} 挡,旋动"电压调节"旋钮,仔细记录从－3 V～＋3 V 不同电压下的相应电流值(电流值＝倍率×电表读数× μA),此时所读得的即为光电管的暗电流.

3. 测量光电管的 U-I 特性曲线

（1）光源出射孔对准暗盒窗口,并使暗盒离开光源 30～50 cm.测量放大器"倍率"置于 $\times 10^{-5}$ 挡.选定某一光阑孔径为 Φ 的光阑(记录其数值),在不改变光源与光电管之间的距离 L 的情况下,选用不同滤色片(分别有波长为 365.0 nm,404.7 nm,435.8 nm,546.1 nm,577.0 nm)."电压调节"从－3 或－2 调起,缓慢增加,先观察一遍不同滤色片下的电流变化情况,记下电流明显变化的电压值以便精测.

（2）在粗测的基础上进行精测记录.从短波长起小心地逐次换入滤色片,仔细读出不同频率的入射光照射下的光电流,在电流开始变化的地方多读几个值.

（3）在精度合适的方格纸上,仔细作出不同波长(频率)的 U-I 曲线.从曲线中认真找出电流开始变化的"抬头点",确定 I_{AK} 的截止电压 U_0.

（4）把不同频率下的截止电压 U_0 描绘在方格纸上.如果光电效应遵从爱因斯坦光电效应方程,则 U_0-ν 关系曲线应是一条直线.求出直线的斜率 b,代入式求出普朗克常量 $h = eb$,并算出所测值与公认值之间的误差.

【思考讨论】

1. 如何从实验数据及其 U-I 曲线求出阴极材料的逸出功 W_s?

2. 实验时能否将滤色片插到光源的光阑口上? 为什么?

3. 截止电压为什么不易测准? 影响截止电压测准的因素是什么?

4. 在本实验中,引起误差的主要原因是什么?

参考文献及附录

参考文献

附录

郑重声明

高等教育出版社依法对本书享有专有出版权。任何未经许可的复制、销售行为均违反《中华人民共和国著作权法》，其行为人将承担相应的民事责任和行政责任；构成犯罪的，将被依法追究刑事责任。为了维护市场秩序，保护读者的合法权益，避免读者误用盗版书造成不良后果，我社将配合行政执法部门和司法机关对违法犯罪的单位和个人进行严厉打击。社会各界人士如发现上述侵权行为，希望及时举报，我社将奖励举报有功人员。

反盗版举报电话　（010）58581999　58582371

反盗版举报邮箱　dd@hep.com.cn

通信地址　北京市西城区德外大街 4 号　高等教育出版社法律事务部

邮政编码　100120

读者意见反馈

为收集对教材的意见建议，进一步完善教材编写并做好服务工作，读者可将对本教材的意见建议通过如下渠道反馈至我社。

咨询电话　400 - 810 - 0598

反馈邮箱　hepsci@pub.hep.cn

通信地址　北京市朝阳区惠新东街 4 号富盛大厦 1 座
　　　　　高等教育出版社理科事业部

邮政编码　100029

防伪查询说明

用户购书后刮开封底防伪涂层，利用手机微信等软件扫描二维码，会跳转至防伪查询网页，获得所购图书详细信息。

防伪客服电话　（010）58582300